E-Book inside.

Mit folgendem persönlichen Code
können Sie die E-Book-Ausgabe
dieses Buches downloaden.

1018r-65p6x-
b9100-ehb11

Registrieren Sie sich unter
www.hanser-fachbuch.de/ebookinside
und nutzen Sie das E-Book
auf Ihrem Rechner*, Tablet-PC
und E-Book-Reader.

Der Download dieses Buches als E-Book unterliegt gesetzlichen Bestimmungen bzw. steuerrechtlichen Regelungen, die Sie unter www.hanser-fachbuch.de/ebookinside nachlesen können.

* Systemvoraussetzungen: Internet-Verbindung und Adobe® Reader®

Krüger

Kunststoffgebundene und metallische Magnete in lösbaren Verbindungen

Georg Krüger

Kunststoffgebundene und metallische Magnete in lösbaren Verbindungen

1. Auflage

HANSER

Der Autor:

Dr. Georg Krüger, Am Schlossberg 27, 76889 Pleisweiler-Oberhofen

Bibliografische Information der Deutschen Nationalbibliothek:

Die Deutsche Nationalbibliothek verzeichnet diese Publikation in der Deutschen Nationalbibliografie; detaillierte bibliografische Daten sind im Internet über <http://dnb.ddb.de> abrufbar.

www.hanser-fachbuch.de
Herstellung: Jörg Strohbach
Coverconcept: Marc Müller-Bremer, www.rebranding.de, München
Coverrealisierung: Stephan Rönigk
Druck und Bindung: Hubert & Co GmbH, Göttingen
Printed in Germany

ISBN: 978-3-446-44349-5
E-Book-ISBN: 978-3-446-44389-1

Inhalt

Vorwort

Schnell und mehrfach lösbare Verbindungen werden im privaten, aber auch im industriellen Bereich in den verschiedensten Formen eingesetzt. So gehören Klett- oder Haftklebebänder, und Schnappverbindungen wie selbstverständlich zum privaten oder beruflichen Alltag. Zu einer weiteren Gruppe der mehrfach lösbaren Verbindungen gehören die Verbindungen mit dauermagnetischen Werkstoffen. Die Dauermagnete, auch als Permanentmagnete bezeichnet, werden vielfach sehr unauffällig zu Verschlüssen verarbeitet und deshalb wenig wahrgenommen. Außerdem erfordert das Arbeiten mit magnetischen Materialien und Bauteilen eine besondere Aufmerksamkeit und Arbeitsplatzgestaltung. Unabhängig davon wird das Interesse an solchen Verbindungen steigen, da die Dauermagnete mehrere Vorteile besitzen:

- Sie erreichen auf kleinstem Raum große Haltekräfte.
- Es können die unterschiedlichsten Bauteile und Geometrien hergestellt werden, nachdem es zunehmend gelingt, mit dem Metallpulver-Spritzgießverfahren kostengünstig Rohteile (Grünlinge) herzustellen, die dann gesintert werden.
- Im Spritzguss verarbeitete kunststoffgebundene Dauermagnete erweitern die Designmöglichkeiten lösbarer Verbindungen.
- Die höhere Wärmeleitfähigkeit der magnetisch gefüllten Kunststoffe verringert die Abkühlzeit und verkürzt den Spritzzyklus.
- Die thermische Belastbarkeit ist größer im Vergleich mit Klettverbindungen und Haftklebebändern.
- Die Magnetverbindungen lassen sich vollständig rückstandsfrei trennen.
- Die Qualitätsprüfung beschränkt sich auf wenige Methoden, sodass keine besonderen Aufwendungen für Geräte und das Personal erforderlich sind.
- Durch selbstklebende Ausrüstungen sind viele neue Verbindungslösungen möglich.
- Durch verschiedene Magnetisierungsverfahren ergeben sich isotrope, anisotrope, mehrpolige oder streifenförmige Magnetisierungen, die dann genau den Anforderungen entsprechen.

Trotz der Vorteile stehen die Dauermagnete in mehrfach lösbaren Verbindungen im Wettbewerb mit anderen schnell lösbaren Verfahren.

Neben den Permanentmagneten gibt es auch die Elektromagnete, die die Magnetwirkung in Kombination mit einem Stromfluss erreichen. Dadurch kann der magnetische Fluss zu- und abgeschaltet werden. Zu den bekannten Anwendungen der Elektromagnete gehören die Transportanlagen in Kombination mit Elektromagneten zum Blechhandling ferromagnetischer Stähle und die Abtrennung von Eisen aus Stoffgemischen, wie sie zum Beispiel beim Recycling von Autos oder Großgeräten vorkommen. Außerdem gibt es in der Medizin, der Elektrotechnik und im Maschinenbau viele Anwendungen, bei denen Permanentmagnete eingesetzt werden, die aber nicht mehrfach lösbar sein müssen. Solche Anwendungen wie in Antriebsmaschinen, in Sensoren oder in Röntgengeräten werden in diesem Buch nicht behandelt. Das gleiche gilt auch für die Anwendung von Elektromagneten. Schwerpunkte dieses Buches sind die Anwendungen in metallischen und nicht metallischen Verbindungslösungen ohne besondere Zusatzgeräte oder Zusatzmaterialien. Für solche Verbindungen werden Neodym-Eisen-Bor-Legierungen und die Hartferrite auf Basis von Bariumoxid und Strontiumoxid eingesetzt. Andere Legierungen aus Aluminium, Nickel und Kobalt oder aus Samarium und Kobalt mit ihren besonderen Eigenschaften sind für industrielle Anwendungen zwar interessant, eignen sich aber aufgrund der Sprödigkeit und hohen Kosten nicht für mehrfach lösbare Verbindungen und werden deshalb nur in Einzelfällen bei vergleichenden Darstellungen erwähnt.

In der Europäischen Union werden seit 2010 zur Beschreibung der Produktqualitäten von Magneten einheitlich die Dimensionen des SI-Systems vorgeschrieben. Die älteren, aber in der Praxis noch sehr gebräuchlichen Kenngrößen, und die damit verbundenen Dimensionen können entweder in Klammern den neueren Angaben hinzugefügt oder gesondert ausgewiesen werden. In diesem Buch werden für die physikalischen Größen und Produktbeschreibungen vorrangig die Dimensionen des SI-Systems berücksichtigt, in Einzelfällen werden auch die Kennzahlen und älteren Dimensionen verwendet.

Bücher entstehen immer dann ohne besondere Anstrengungen, wenn die Zusammenarbeit von Verlag und Autor gut gelingt. Das ist bei diesem Buch geglückt. Dafür gilt der besondere Dank Frau Wittmann und Herrn Strohbach vom Lektorat Kunststoffe beim Hanser Verlag.

Herr Johannsen von der Fa. Fixum Creative Technology in Neuwied hat mehrere Materialien für eigene Untersuchungen bereitgestellt. Dafür gilt ihm mein besonderer Dank.

Pleisweiler-Oberhofen im November 2014 *Georg Krüger*

1 Einführung

Der Magnetismus ist ein physikalisches Phänomen, das alle Lebewesen und die gesamte Materie auf der Erde umgibt, ohne dass die Menschen dieses Phänomen in irgendeiner Weise wahrnehmen. Wer aber einen Kompass in der Hand hält, stellt fest, dass sich die Kompassnadel ohne äußere Einflüsse stets in eine Richtung, in Richtung des Nordpols, genauer gesagt des magnetischen Nordpols bewegt, wenn er sich auf der Nordhalbkugel befindet. Diese Bewegung einer Magnetnadel ist nur denkbar, wenn auf die Nadel ein Magnetfeld einwirkt. Beim Kompass ist schon das schwache Magnetfeld der Erde ausreichend, um die Orientierung in eine Vorzugsrichtung anzunehmen. Das uns ständig umgebende Magnetfeld der Erde mit einer Stärke von 24 bis 40 µT ist glücklicherweise so gering, dass konkrete Einflüsse auf den Lebensrhythmus nicht erkennbar sind. Andererseits ist der Kompass ein gutes Beispiel dafür, dass das schwache Magnetfeld tatsächlich existiert und schon früh zu einer nützlichen Anwendung geführt hat. Da es sich bei der Erde um einen „Dauermagneten" handelt, besitzt die Erde wie alle Magnete auch einen physikalischen Nord- und Südpol. Diese Pole sind aber nicht deckungsgleich mit dem geografischen Nord- und Südpol. Wenn sich zum Beispiel der Nordpol einer Magnetnadel ausrichtet, dann muss in der angezeigten Richtung der Südpol des Erdmagneten liegen. Wenn sich ein Kompass in Richtung des geografischen Nordpols ausrichtet, dann handelt es sich um den Südpol der Magnetnadel, denn nur ungleiche Pole ziehen sich an. Entsprechend existiert am geografischen Südpol der physikalische Nordpol. Genau genommen richtet sich die Kompassnadel nicht zu dem Pol aus, der allgemein als Nordpol bezeichnet wird, sondern zu einem Punkt (Pol), der sich von Deutschland aus betrachtet 1600 km vom geografischen Nordpol entfernt befindet. Der Winkel zwischen geografischem und magnetischem Nordpol ist vom Standort auf der Nordhalbkugel abhängig. Den gleichen Effekt gibt es auch auf der Südhalbkugel.

Da das Magnetfeld der Erde von den Konzentrationen der magnetischen Elemente wie Eisen, Chrom, Nickel und anderen Metallen im Erdinneren und in der Erdkruste abhängt und die Verteilung dieser Elemente nicht überall gleich groß ist, schwanken auch die Magnetfelder auf der Erde. Das bedeutet, eine Kompassnadel wird mehr oder weniger schnell je nach Standort ausgerichtet.

Sobald der Magnetismus verstärkt wird, also ein künstlicher Magnetismus zum Beispiel durch die Anreicherung magnetischer oder magnetisierbarer Stoffe erzielt wird, ergeben sich Effekte, die im Maschinenbau, der Messgerätetechnik, der Transport- und Antriebstechnik, der Medizintechnik und vielen anderen Bereichen genutzt werden. Neben den vielen anderen Bereichen hat sich auch die Verbindungstechnik neue Anwendungsbereiche mit der Magnettechnik erschlossen. Ziel war es, entweder Bauteile dauerhaft zu verbinden oder wieder lösbare Verbindungen herzustellen. Am Anfang der Nutzung magnetischer Felder in Verbindungssystemen wurden vor allem magnetische Metalle und Metalllegierungen verwendet, später kamen die kunststoffgebundenen magnetischen Legierungen hinzu. In diesem Bereich war eine enge Zusammenarbeit zwischen den Werkstofffachleuten, Metallurgen, Maschinenbauern und Kunststofftechnikern erforderlich, um kunststoffgebundene Magnete oder magnetisierbare Bauteile herzustellen.

Die Kenntnisse über den Magnetismus waren eng verbunden mit der Entdeckung der chemischen Elemente und der Erforschung ihres Aufbaus in den vergangenen Jahrhunderten, denn ob ein chemisches Element magnetisch oder magnetisierbar ist oder wie stark und stabil die Magnete sind, lässt sich über den Aufbau der Elemente erklären. Die Grundlagen des Magnetismus werden in diesem Buch nur soweit behandelt, wie es für die Darstellung charakteristischer Anwendungen in lösbaren Verbindungen und für die Auswahl geeigneter Magnete erforderlich ist.

Da die Europäische Union vorschreibt, in Spezifikationen, Sicherheitsdatenblättern, Angeboten u. ä., für physikalische Größen die Dimensionen des SI-Systems zu verwenden, aber immer noch die Dimensionen des älteren CGS-Systems verwendet werden, enthält Tabelle 1.1 eine Gegenüberstellung wichtiger Dimensionen beider Systeme.

Tabelle 1.1 Umrechnung magnetischer Größen

Physikalische Größe	Zeichen	SI-Einheit	CGS-Einheit	Umrechnung
Magnetische Flussdichte	B	T	G	1 T = 10^4 G
Magnetische Polarisation	J	T	G	1 T = 10^4 G
Magnetische Feldstärke	H	A/m	Oe	1 A/m = 0,01257 Oe
Remanenz	B_r	T	G	1 T = 10^4 G = 1 N/(A m)
Magnetische Energiedichte	$(B \cdot H)_{max}$	J/m³	G · Oe	1 kJ/m³ = 0,1257 MG · Oe

T = Tesla, G = Gauß, A/m = Ampere/Meter, Oe = Oersted, MG · Oe = Megagauß · Oersted

Oersted (Oe) ist die Einheit der magnetischen Feldstärke im CGS-Einheitensystem und gilt seit 1970 nicht mehr als offizielle Einheit.

■ 1.1 Grundprinzip und Physik des Magnetismus

Die chemischen Elemente des Periodensystems bestehen aus verschiedenen Teilchen, so auch aus negativ oder positiv geladenen Teilchen (Elektronen und Protonen), aber auch aus den neutralen Neutronen. Die positiv geladenen Protonen und die Neutronen bilden den Atomkern. Die negativ geladenen Elektronen befinden sich auf verschiedenen Energieniveaus, sehr vereinfacht gesagt, auf verschiedenen „Schalen“, die sich bei der Anordnung der Elektronen um den Atomkern ergeben. Die Energiemenge nimmt dabei von innen nach außen zu, gleichzeitig steigt aber auch die Möglichkeit, dass die Elektronen bei bestimmten Randbedingungen ihre Energieniveaus verlassen, das heißt, es gibt chemische Elemente mit mehr oder weniger energetischer Stabilität. Gleichzeitig bestimmen die Energieniveaus und die Anzahl der Elektronen, besonders die Zahl der Außenelektronen, die physikalischen Eigenschaften, wie zum Beispiel die Dichte, Schmelztemperatur, Härte, den Glanz, die elektrische Leitfähigkeit und den Aggregatzustand bei Raumtemperatur oder bei höheren und niedrigeren Temperaturen. Aus dem Aufbau der Elemente konnten viele Rückschlüsse auf das Reaktionsverhalten der Elemente getroffen werden. Gerade aufgrund der physikalischen Eigenschaften war es möglich, die Elemente in Gruppen zusammenzufassen, wenn sie sehr ähnliche oder vergleichbare charakteristische Eigenschaften besaßen. So gibt es zum Beispiel die Gruppe der reaktionsträgen Edelgase mit sieben Außenelektronen (mit Helium als Sonderfall), die Gruppe der Erdalkalimetalle mit einem Außenelektron, die Gruppe der Metalle oder auch die Gruppe der Seltenerdmetalle. Um die Übersichtlichkeit zu verbessern war es notwendig geworden, auch eine Einteilung in Haupt- und Nebengruppen vorzunehmen, in denen wieder Elemente mit ähnlichen Eigenschaften zusammengefasst wurden. Bei der systematischen Anordnung stellte man fest, dass zwischen der Elektronenanordnung (die immer auch ein bestimmtes Energieniveau bedeutet) und den Stoffeigenschaften ein direkter Zusammenhang besteht. Das gilt auch für das magnetische Verhalten der chemischen Elemente, wobei man zwischen dem permanenten magnetischen Verhalten und der Magnetisierbarkeit unterscheiden muss. Beide Erscheinungen lassen sich aber aus dem Elektronenaufbau und aus dem Verhalten der Elektronen aufgrund dieses Aufbaus erklären. Die eindeutige Erklärung des Magnetismus war erst möglich, als der Atomaufbau quantenmechanisch betrachtet wurde und sich herausstellte, dass es im Periodensystem Elemente gibt, die Energieniveaus besitzen, bei denen sich magnetische Momente mit Nord- und Südpol im Atom ergeben, die relativ stabil existieren. Diese für Magnete typischen Energieniveaus können auch durch äußere Anregung erreicht werden. Wenn sehr viele magnetische Momente eines Festkörpers in gleicher Weise ausgerichtet sind, ergibt sich eine makroskopisch messbare Größe, die man als Magnetkraft bezeichnet hat. Mit zunehmender Erforschung des Atomaufbaus konnte man festlegen, welche Elemente dauerhaft magnetisch oder durch andere Magnete magnetisierbar sind. In jedem Fall handelt es sich immer um die Beeinflussung der magnetischen Momente in Atomen, die sich unter Normalbedingungen in Kristallstrukturen relativ geordnet zu Festkörpern aufbauen und die dann als Metalle zur Verfügung stehen. Da es nur wenige Metalle gibt, die die quantenmechanischen Voraussetzungen für magnetische Dipole besitzen, gibt es nur eine begrenzte Anzahl von intrinsisch magnetischen Metallen oder Metallen, die extern magnetisierbar sind. Wenn die magnetischen Momente der Atome einen Nord- und Südpol haben, also einen Dipolcharakter besitzen, entstehen beim Trennen eines Dauermagneten immer zwei kleinere Dauermagnete, da auch in jedem neuen Magneten die Ausrichtung der Dipole erhalten bleibt.

Bei der Systematisierung der chemischen Elemente mit metallischem Charakter oder der Legierungen, die daraus hergestellt wurden, ergab sich unter Berücksichtigung der Werkstoffeigenschaften sehr früh eine Einteilung in magnetische und nicht magnetische Stoffe, obwohl der Magnetismus noch nicht erklärt werden konnte. Die magnetischen Stoffe wurden dann weiter unterteilt in weich- und hartmagnetische Materialien. Die Einteilung war anfangs willkürlich. Als hartmagnetisch wurden dabei Metalle bezeichnet, die nur aus „harten" Mineralien gewonnen werden konnten. Später zeigte sich, dass die hartmagnetischen Metalle oder Legierungen auch mechanisch sehr hart und die weichmagnetischen vergleichsweise weich waren, also eine Beziehung zwischen der mechanischen Härte und dem hartmagnetischen Verhalten besteht. Inzwischen werden als hartmagnetische Werkstoffe solche eingestuft, die vergleichsweise höhere und stabilere Magnetkräfte besitzen, das heißt, die Bezugsbasis ist nicht mehr die Materialhärte (zum Beispiel Mohs'sche Härte, Vickershärte, Brinellhärte), sondern die hohe und stabile Magnetisierbarkeit. Außerdem stellte man fest, dass die thermische Stabilität der hohen Magnetkräfte der Hartmagnete bei höheren und niederen Temperaturen besonders groß war. Die Entwicklungen innerhalb der Metallurgie haben inzwischen aber dazu geführt, dass die Weichmagnete mit geringer magnetischer Kraft auch mechanisch sehr hart sind, sodass sich die Einteilung in Hart- und Weichmagnete nur noch auf den magnetischen Zustand bezieht.

Eine weitere Einteilung der Werkstoffe ergab sich durch die Beobachtung, dass es nicht magnetische und magnetisierbare Werkstoffe gibt, wobei die magnetisierbaren Werkstoffe als ferromagnetische Stoffe bezeichnet wurden. Typisch für die nicht magnetischen Werkstoffe ist, dass sie auch in Gegenwart äußerer und selbst starker Magnetfelder nicht magnetisch werden, die ferromagnetischen Werkstoffe dagegen in Gegenwart äußerer Magnetfelder selbst zu Magneten werden. Ferromagnetische Werkstoffe sind Eisen (Fe), Nickel (Ni) und Chrom (Cr) aus der 3. Hauptgruppe des Periodensystems. Da bei den ferromagnetischen Werkstoffen keine Vorzugsrichtungen in Nord- und Südpol existieren, die auch als Plus- und Minuspol bezeichnet werden, ergeben sich beim Kontakt ferromagnetischer und permanenter Magnete Haltekräfte, unabhängig von der Position beider Magnete zueinander. Dieses Verhalten wird bei schnell lösbaren Verbindungen ausgenutzt, zumal sich mit kleinen aber starken Dauermagneten hohe Haltekräfte ergeben.

Die physikalischen Prinzipien der Dauermagnete und der Ferromagnete unterscheiden sich zwar unter Berücksichtigung der Quantenmechanik, aber für die Magnetkraft bzw. für die magnetische Flussdichte und für die anderen physikalischen Größen, mit denen die magnetischen Eigenschaften der Werkstoffe beschrieben werden, gelten die gleichen Berechnungsgrundlagen oder messtechnischen Untersuchungen.

Jeder Dauermagnet ist von einem unsichtbaren Magnetfeld umgeben, das wiederum aus Feldlinien besteht, die sich räumlich um einen Dauermagneten anordnen. Die unsichtbaren Feldlinien lassen sich sichtbar machen, indem Eisenpulver auf ein Blatt Papier gestreut wird, unter dem sich ein Magnet befindet. Das dünne Papier wirkt wie ein Luftspalt, sodass die Feldlinien zwar geschwächt werden, aber nicht „verloren" gehen, Bild 1.1 und Bild 1.2. Inzwischen gibt es Sensorfolien, mit denen die Feldlinien sichtbar gemacht werden können.

Bild 1.1 Seitenansicht und Draufsicht (rechts) von Eisenpulver auf Papier, Magnet NdFeB 10 mm · 20 mm · 5 mm

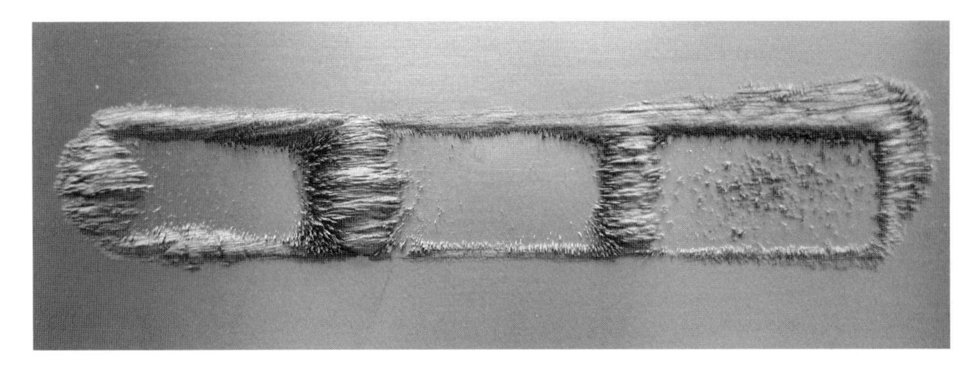

Bild 1.2 Feldlinienverlauf von drei nebeneinander liegenden Dauermagneten NdFeB

Die Messung der Haltekraft eines Neodym-Magneten im Zugversuch bei direktem Kontakt mit einer Eisenplatte mit und ohne Papierzwischenlage ergibt die Kurven wie in Bild 1.3. Die Papierzwischenlage entspricht näherungsweise einem Luftspalt. Die Messungen wurden mehrfach wiederholt und führen zu deckungsgleichen Kurvenverläufen.

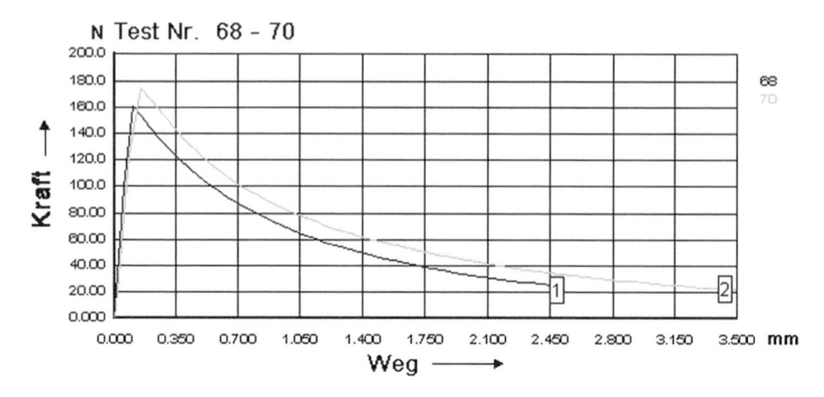

Bild 1.3 Kraft-Weg-Verlauf bei der Trennung eines Neodym-Magneten von einer Stahlplatte ohne Zwischenlage (2) und mit Luftspalt (1), Kontaktfläche 400 mm², Magnetvolumen 0,8 cm³, Trenngeschwindigkeit 10 mm/min

Bei der Anwesenheit eines Dauermagneten mit seinen Feldlinien muss berücksichtigt werden, dass die Feldlinien auch elektrische und magnetische Felder beeinflussen und zum Beispiel elektronische und magnetische Aufzeichnungen verändern bzw. unleserlich machen. Ältere Musikkassetten mit magnetisierbaren Polyesterbändern sind also dann gefährdet, wenn sie in der Nähe von Magneten lagern.

1.2 Charakteristische Begriffe und Kennwerte für Dauermagnete

Für magnetische Werkstoffe gibt es physikalische Größen, mit denen die magnetischen Eigenschaften beschrieben werden und die für die praktische Anwendung wichtig sind. Dazu zählen die magnetische Flussdichte B und Remanenz B_r, die magnetische Feldstärke H und Koerzitivfeldstärke H_c oder die Permeabilität μ [1] [2]. Anschaulich lassen sich die Unterschiede der Magnete mithilfe von Hysteresiskurven darstellen.

Da die Betrachtungen zum Magnetismus in einigen Fällen mit den theoretischen Grundlagen elektrisch erzeugter Felder aus der Elektrizitätslehre übereinstimmen, ist es sinnvoll, bei den Magneten darauf hinzuweisen, dass es sich um magnetische und nicht elektrische Größen handelt. Ein Beispiel ist die Flussdichte, die für magnetische und elektrische Felder eine charakteristische Größe ist.

Bei Dauermagneten muss man grundsätzlich zwischen anisotrop und isotrop magnetischen Typen unterscheiden. Bei isotropen Dauermagneten besitzen die magnetischen Momente der beteiligten Atome keine bevorzugte Ausrichtung, sie sind in allen Richtungen gleichermaßen und willkürlich ausgerichtet, sodass die magnetischen Eigenschaften in allen Raumrichtungen gleich groß sind. Es ergibt sich ein homogenes Magnetfeld. In solchen Fällen ist aber auch die Feldstärke im Vergleich zum anisotropen Magneten kleiner. Die Isotropie hat dann Bedeutung, wenn die Magnetstärke gering und genau definiert sein soll. Gerade bei lösbaren Verbindungen werden nicht immer maximale Haltekräfte gewünscht, sondern auch entsprechende Abstufungen. Das kann mit isotropen und weichmagnetischen Ferriten erreicht werden, aber auch mit kunststoffgebundenen Magneten (siehe Kapitel 3 und 4).

Sobald die magnetischen Momente ausgerichtet werden und damit die Magnetkraft in einer Richtung verstärkt wird, handelt es sich um anisotrope Dauermagnete. Durch die gezielte Ausrichtung ergeben sich deutlich höhere Flussdichten und Magnetstärken.

Für Dauermagnete ist die thermische Stabilität eine wichtige Größe, denn Änderungen der magnetischen Eigenschaften bei niedrigen und hohen Temperaturen sind nicht günstig für die Anwendungen. Solange sich die Eigenschaften annähernd linear mit der Temperatur ändern, kann für die Eigenschaften ein Korrekturfaktor angegeben werden, der die prozentuale Änderung/°C oder die Änderung/K angibt. Die Eigenschaftsänderungen müssen aber reversibel sein, da der Faktor sonst keine Bedeutung hätte.

Wenn ein Dauermagnet durch eine Magnetisierung entstanden ist, verändern sich die Flussdichte B und die Koerzitivfeldstärke H_c mit steigender Temperatur und erreichen nach der Abkühlung nicht die Ausgangswerte. Die beiden Größen haben sich zu einem bestimmten Anteil reversibel verändert, aber nicht den Ausgangswert erreicht, das heißt, es kommt zu einem Verlust an Energie bzw. an magnetischer Haltekraft. Dieser Effekt tritt nur bei der ersten Erwärmung auf und muss bei der Auslegung von Dauermagneten berücksichtigt werden.

1.2.1 Magnetische Flussdichte

Die magnetische Flussdichte B ist die Summe aller magnetischen Momente derjenigen Atome in einem Bauteil, die magnetische Momente besitzen oder durch Magnetisierung magnetisch werden und dadurch ein nach außen wirkendes magnetisches Feld ergeben. Sobald ein Werkstoff magnetisch ist, lässt sich der magnetische

Zustand zur Veranschaulichung und zur mathematischen Beschreibung durch Feldlinien darstellen, die durch einen Magneten verlaufen und beim Austritt aus dem Magneten ein Feld um den Magneten ergeben. Die Menge an Feldlinien, die durch eine Fläche senkrecht zum Verlauf der Feldlinien hindurchtritt, entspricht der Flussdichte. Würde man um einen Stabmagneten quer zur Hauptachse ein Blatt Papier anbringen, so nimmt die Zahl der gedachten Feldlinien stetig nach außen hin ab. Je weiter sich das Feld vom Magneten entfernt befindet, desto „dünner" wird das magnetische Feld bzw. desto weniger Feldlinien durchdringen eine Fläche quer zum Feldlinienverlauf. Die Flussdichte nimmt also mit zunehmendem Abstand vom Magneten ab.

Da jedes magnetische Feld auch eine nach außen gerichtete Kraft erzeugt, können magnetische Metalle und Legierungen mit ausreichend hohen Flussdichten dauerhaft Kräfte übertragen, sofern sich die „richtigen" Pole von Magneten berühren. Sobald sich allerdings gleichgerichtete Pole von Dauermagneten annähern, stoßen sich die Magnete ab und verweigern eine Kraftübertragung. In solchen Fällen „schwimmen" die Dauermagnete auf den gleichgerichteten Magneten bzw. wären größere Kräfte notwendig, um einen Kontakt zu erzwingen. Wenn sich dagegen ungleich ausgerichtete Pole mit ihren magnetischen oder magnetisierten Atomen annähern, ziehen sie sich gegenseitig an. Die Anziehungskräfte steigen dabei überproportional an, je näher sich zwei Dauermagnete kommen oder sich ein Dauermagnet mit einem anderen magnetischen bzw. ferromagnetischen Stoff verbindet. Kurz vor dem direkten Kontakt ist die Geschwindigkeit der ungestörten Annäherung am größten, beim direkten Kontakt sind die Haltekräfte am größten. Zwischen den magnetisch bedingten Anziehungskräften und den magnetischen Flussdichten besteht ein direkter Zusammenhang, sodass die Haltekräfte berechnet werden können. Die Bezeichnung $B_{(x)}$ ist dann sinnvoll, wenn die Haltekraft im Abstand x von einem Dauermagneten betrachtet werden soll. Beim direkten Kontakt zweier Magnete in einem Magnetsystem wäre $x = 0$. Das ergäbe rein rechnerisch in den mathematischen Gleichungen für $B_{(x)} = 0$ den Wert Null. Das widerspricht der praktischen Erfahrung, da bei $x = 0$ die Haltekraft maximal ist. Die Berechnung der magnetischen Kräfte bei der Annäherung von Magneten oder der Trennung ist von mehreren Faktoren abhängig (u. a. Magnettyp, Magnetform und -größe, Magnetisierungsart), sodass sich komplizierte mathematische Gleichungen ergeben, die einen hohen Rechenaufwand oder spezielle Softwareprogramme erfordern. Daher bieten einige Lieferanten auch Berechnungen zur Magnetstärke als Dienstleistung an.

Die im Laufe der Weiterentwicklung der Magnettechnik bereitgestellten Dauermagnete besitzen im Ausgangszustand noch keine magnetischen Kräfte bzw. magnetische Flussdichten, sondern werden erst durch einen Magnetisierungsvorgang dauermagnetisch. Dabei kann die erreichbare Flussdichte oder magnetische Induktion für jeden Magnettyp nur bis zu einer charakteristischen Größe der Magnetisierung erfolgen. Der maximale Wert der Magnetisierung wird auch als Sättigungsinduktion oder Sättigungspolarisation bezeichnet und in Tesla (T) oder Ampere/Meter (A/m) angegeben. Der Begriff Polarisation bringt sehr anschaulich zum Ausdruck, was bei der Magnetisierung passiert, nämlich die Ausrichtung der Dipolmomente in Nord- und Südpole. Bei der Sättigungspolarisation ist die Grenze der Ausrichtung von magnetischen Dipolen in einem Magneten erreicht. Für die Magnetisierung bis zur Sättigungsgrenze sind Feldstärken notwendig, die größer als die zu erreichende Sättigungsfeldstärke H_J sein müssen. Vereinbarungsgemäß ist die Sättigungsfeldstärke erreicht, wenn diese Feldstärke nicht mehr als 1 % steigt und gleichzeitig die Magnetisierungsfeldstärke um 50% erhöht wird. Für die entgegen gerichtete Entmagnetisierung bis zu einer Flussdichte von Null wird eine Feldstärke benötigt, die als Koerzitivfeldstärke H_{cJ} bezeichnet wird. Da die Koerzitivfeldstärke bei der Entmagnetisierung (siehe Abschnitt 1.2.2) nicht größer sein kann als die Sättigungspolarisation bei der Magnetisierung, besteht zwischen beiden Größen ein direkter Zusammenhang. Die maximale Polarisation (Sättigungspolarisation), also die Sättigung der Dipolausrichtung (Flussdichte, Induktion, Magnetstärke) ist der Grund dafür, dass die verschiedenen Magnettypen unterschiedlichen Gruppen zugeordnet werden können. Weichmagnete erreichen Sättigungsinduktionen von 0,5 A/m bis 1 kA/m und Hartmagnete Induktionen über 1 kA/m bis 2000 kA/m. Die Fähigkeit, die Flussdichte von Dauermagneten durch die Einwirkung von gleichgerichteten Magneten mit hohen Flussdichten in einen höheren Magnetisierungszustand zu bringen, ist für die Anwendung von Magneten außerordentlich nützlich, denn dadurch können geschwächte Magnete wieder gestärkt werden. Das gilt allerdings nur so lange, wie die Legierungen nicht durch zu hohe Temperaturen oder Korrosionseffekte irreversible geschädigt wurden.

Die Koerzitivfeldstärken lassen sich messen, wenn ein magnetisches Material mit seinem magnetischen Feld 1 bzw. mit dessen Feldlinien in ein anderes magnetisches Feld 2 gebracht wird. Der Prüfling verändert das magnetische Feld 2 und „verzerrt" dessen Feldlinien, das heißt, durch das Eindringen des magnetischen Prüflings in das bestehende Feld der Prüfvorrichtung wird die Flussdichte deutlich verändert. Wenn die Entmagnetisierung abgeschlossen ist, also der magnetische Fluss Null ist, wird der Prüfling nicht mehr das Feld 2 bzw. die Feldlinien beeinflussen bzw. verzerren. Die erforderliche entgegen gerichtete Feldstärke, um diesen Zustand zu erreichen, entspricht dann der Koerzitivfeldstärke H_{cJ}.

Große T-Werte entsprechen großen Magnetkräften und umgekehrt. So beträgt die Erdmagnetkraft nur 24 bis 40 µT, die Magnetkraft einiger Dauermagnete dagegen 1,0 bis 1,4 T oder etwa 200 kA/m, also etwa das 30 000-fache der Erdmagnetkraft.

Die magnetische Flussdichte B ist das Produkt aus einer Konstanten μ, der sogenannten Permeabilitätskonstanten (siehe Abschnitt 1.2.4), und der magnetischen Feldstärke H. Für jedes Magnetsystem existiert eine Konstante μ, die das Produkt aus μ_0 und μ_r ist. Die Konstante μ_0 entspricht der Permeabilität im Vakuum und in

1. Näherung in der Luft ohne einen Magneten, μ_r ist die relative Konstante als Verhältnis der Permeabilität an der Luft und in einem magnetisch durchflossenen Raum (Magneten). Die Permeabilität μ ist immer davon abhängig, welchen Werkstoff die magnetischen Feldlinien durchdringen müssen. So ergeben sich zum Beispiel für ferromagnetische Bleche gänzlich andere Permeabilitäten im Vergleich mit Kupfer-, Aluminium und anderen nicht magnetischen Stoffen.

Für die Flussdichte gilt also:

$$B = \mu \cdot H = \mu_0 \cdot \mu_r \cdot H \quad (1.1)$$

Bei den Konstanten handelt es sich um dimensionslose Zahlen, sodass die Flussdichte und die Magnetkraft je nach Material und Materialdicke geschwächt werden kann. Flussdichte und Feldstärke besitzen entsprechend der Gleichung (1.1) die gleiche Dimension. Der Zusammenhang von B und H lässt sich veranschaulichen, wenn man sich H als die Energie vorstellt, mit der die magnetischen Feldlinien einen Magneten verlassen und die magnetische Flussdichte die Menge an Energie ist, die tatsächlich an der Stelle vorhanden ist, wo die Energie genutzt werden soll.

Eine besondere Größe, die mit der magnetischen Flussdichte B zusammenhängt, ist die Remanenz B_r. Die Remanenz B_r entspricht der Restmagnetisierung bzw. dem Rest an magnetischer Flussdichte, die sich bei einer Entmagnetisierung eines Dauermagneten ergibt. Das heißt, die Entmagnetisierung ist noch nicht vollständig abgeschlossen. Die Remanenz kann aus dem Verlauf der Hysteresisschleife wie in Bild 1.4 gezeigt, bestimmt werden. Die Remanenz B_r wird in Tesla (T) oder Millitesla (mT) angegeben, teilweise noch in Gauß (G). Die Remanenzen der verschiedenen Dauermagnete und Ferromagnete unterscheiden sich stark. Sie kann daher den praktischen Anforderungen durch die Auswahl eines Magneten angepasst werden. Da es sich bei Dauermagneten um Metalllegierungen handelt, deren Masseanteile der beteiligten Elemente variieren können, bestimmen die konkreten Masseanteile der beteiligten Metalle neben der Geometrie eines Dauermagneten die Magnetkraft, das heißt, auch innerhalb einer Gruppe kann die Remanenz und Magnetkraft gesteuert werden.

Die Anwendung von mehrfach lösbaren Verbindungen mit Dauermagneten wird auch zukünftig davon bestimmt, wie kostengünstig die Herstellung gelingt, wie sich die Rohpreise der Magnetmetalle und die Pulverpreise entwickeln, wie groß die Haltekraft ist und mit welcher Kraft die Verbindungen wieder gelöst werden können. Selbstverständlich werden die Kräfte von der Kontaktfläche und Geometrie der Dauermagnete und der zu verbindenden Materialien bestimmt, aber auch von der Legierung und damit vom Typ der Dauermagnete und der ferromagnetischen Metalle und ihrer magnetischen Flussdichten. Die Flussdichten sind dabei charakteristische Größen für die verfügbaren magnetischen Legierungen und Metalle. Innerhalb einer Gruppe können die Flussdichten in Abhängigkeit von der

Zusammensetzung der Legierungen oder den Herstellungsbedingungen ebenfalls schwanken, sodass eine breite Palette an Magneten verfügbar ist. Die große Varianz der Magnete und damit der Haltekräfte ist für den Anwender verständlicherweise von Vorteil, sodass die Magnete genau den praktischen Anforderungen angepasst werden können.

Da die magnetischen Felder je nach der Geometrie der Magnete bei gleichem Magnetisierungsgrad unterschiedlich stark sind, gibt es für Rechtecke, Ringe, Zylinder und andere Geometrien angepasste Berechnungen der Haltekräfte verschiedener Legierungen mit ihren jeweiligen Flussdichten. Sie sind Bestandteil der Spezifikationen der Hersteller oder Anbieter von Dauermagneten. Die Haltekraft ist nicht nur eine Funktion der Magnetgeometrie und Flussdichte, sondern sie ist auch vom Magnetvolumen abhängig. Das muss bei Berechnungen berücksichtigt werden und macht die Berechnungen so schwierig. Legt man einen Quader mit einer Grundfläche von 1 cm^2 zugrunde und vergleicht die Volumina bei gleicher Energiedichte, so ergibt sich eine Rangfolge, bei der auch die Dichte beachtet werden muss, siehe Tabelle 1.2.

Tabelle 1.2 Materialaufwand und Magnetvolumen für verschiedene Magnete bei gleicher Energiedichte

Magnet	Volumen	Fläche	Dichte	Masse
Neodym-Magnet	1 cm^3	1 cm^2	7,60 g/cm^3	7,60 g
Samarium-Kobalt-Magnet	2 cm^3	2 cm^2	8,30 g/cm^3	16,60 g
Alnico-Magnet	8 cm^3	8 cm^2	7,40 g/cm^3	59,20 g
Hartferrite	12 cm^3	12 cm^2	4,85 g/cm^3	58,20 g

Für die Haltekraft H_K:

- eines kurzen Zylinders gilt: H_K = f [$B_{(x)}$, Durchmesser, Länge],
- für einen Quader gilt: H_K = f [$B_{(x)}$, Seitenlängen x, y, z].

Zur Berechnung werden häufig Vereinfachungen vorgenommen oder ein linearer Zusammenhang zwischen den Berechnungsgrößen angenommen.

So gilt für einen zylindrischen Magneten, der axial magnetisiert ist, für die Flussdichte $B_{(x)}$ im Abstand x von der Stirnseite:

$$B(X) = \frac{B_r}{2}\left[\frac{L+X}{\sqrt{R^2+(L+X)^2}} - \frac{X}{\sqrt{R^2+X^2}}\right] \tag{1.2}$$

mit:

B_r = Remanenz, L = Zylinderlänge, R = Zylinderradius

Das Beispiel zeigt, dass sich schon bei sehr einfacher Geometrie eine aufwendige Berechnung ergibt. Wenn dann noch die Gleichungen von den Magnettypen abhängen, ist verständlich, dass die Berechnungen der Haltekräfte schwierig sind und nur mit vereinfachenden Annahmen gelingen. Selbst mit den einfachen Berechnungen betragen die Abweichungen zu den tatsächlichen Werten etwa ± 20 %, daher ist es sinnvoll, die Haltekräfte als Funktion $f_{(x)}$ zu messen.

1.2.2 Magnetische Feldstärke und Koerzitivfeldstärke

Bei der Bewertung von Magneten oder ihrer Einordnung in die verschiedenen Klassen sind die Remanenz B_r und Koerzitivfeldstärke H_c wichtige Größen. Sobald magnetisierbare Metalle oder Metalllegierungen sich in einem magnetischen Feld befinden, werden sie selbst dauerhaft magnetisch oder ferromagnetische Metalle zu Magneten. Dieser Vorgang wird als Aufmagnetisierung bezeichnet. Je nach Mischung oder Legierung besitzen die Magnete dann durch die Aufmagnetisierung eine entsprechende Magnetkraft (Haltekraft), die auch als Induktion bezeichnet wird. Voraussetzung für eine bestimmte Haltekraft ist eine ausreichende magnetische Feldstärke H. Sie wird in A/m angegeben oder in Oersted (Oe), ein A/m entsprechen dabei $12{,}57 \cdot 10^{-3}$ Oe.

Magnete kann man nicht nur magnetisieren, sondern auch entmagnetisieren, indem sie mit einem gerichteten Magnetfeld behandelt werden. Die für die vollständige Entmagnetisierung erforderliche magnetische Feldstärke wird als Koerzitivfeldstärke H_{cB} bezeichnet und hat die Dimension A/m oder kA/m. Die Koerzitivfeldstärke ist eine magnetische Gegenkraft, die einen Dauermagneten „zwingt“ seine Magnetkraft zu verringern, sich zu entmagnetisieren. Oder anders gesagt, die magnetischen Feldstärken und die Haltekräfte werden „ausgelöscht“. Die Änderung der Flussdichte B, bei denen die Aufmagnetisierung und die Entmagnetisierung stattfinden, können als Diagramme der magnetischen Feldstärke H über der Flussdichte B aufgetragen werden. Dabei entstehen Hysteresisschleifen, Bild 1.4 [5], deren Verläufe davon abhängen, bei welchen Temperaturen und mit welchen Feldstärken magnetisiert und entmagnetisiert wurde. Für die Magnetisierung ergeben sich Grenzwerte der Flussdichte und damit der Haltekraft von Dauer- oder Ferromagneten, die nicht größer werden, auch wenn die Magnetisierung mit steigenden magnetischen Feldstärken fortgesetzt wird. Die äußere rechte Kurve in Bild 1.4 beschreibt die Magnetisierung und Änderung der Flussdichte B in einem magnetisierbaren Material, z. B. in einem Neodym-Magneten, wenn die Feldstärke H eines elektromagnetischen Feldes stetig erhöht wird. Dabei ergibt sich je nach der Höhe der Feldstärke eine Magnetkraft, die für jedes Magnetmaterial einen charakteristischen Grenzwert besitzt. Demzufolge besitzen Hartferrite eine andere maximale Haltekraft als zum Beispiel Neodym-Magnete, auch wenn man die Hartferrite noch so lange und mit sehr großer Feldstärke magnetisieren würde. Bei der Entmagnetisierung ergeben sich die linken Kurvenverläufe. Bei der Entmagnetisierung, also der Auslöschung der Magnetkraft, verändert sich die Magnetkraft bei der Einwirkung einer entgegen gerichteten und abnehmenden Feldstärke zuerst nur wenig bis zum Punkt B_r, der Remanenz. Die Remanenz ist also die Restmagnetisierung und damit die Haltekraft, wenn die entmagnetisierende Feldstärke Null ist. Bei weiterer Entmagnetisierung wird die Änderung der Remanenz B_r bis zum Wert Null reduziert. Die dafür erforderliche Feldstärke entspricht dann der Koerzitivfeldstärke H_{cB}. Diese Koerzitivfeldstärke ist also zwingend (koerzitiv) notwendig, um einen Dauermagneten zu entmagnetisieren.

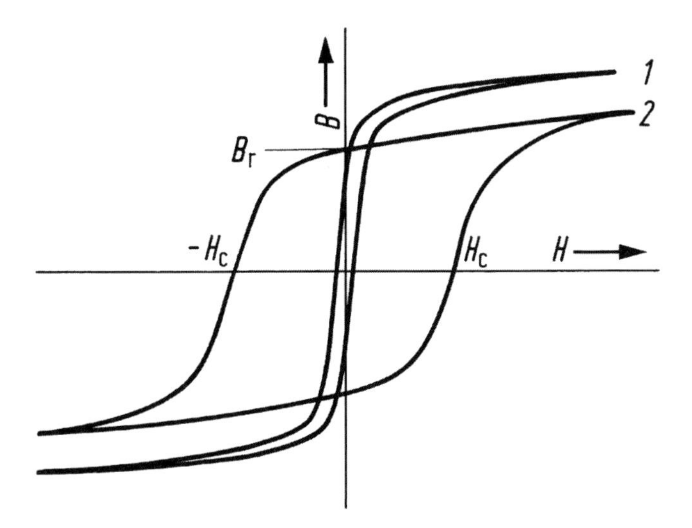

Bild 1.4 Hysteresiskurven aus Magnetisierung und Entmagnetisierung eines magnetischen Werkstoffs für verschiedene magnetische Feldstärken *H* der Magnetisierung und Entmagnetisierung, B_r: Maximale Flussdichte während der Entmagnetisierung und sobald die Feldstärke Null ist, H_c: Koerzitivfeldstärke, sobald die Flussdichte Null ist

Bei der Entmagnetisierung verändert sich also die Remanenz als Funktion der Feldstärke allmählich, wobei die magnetische Feldstärke stetig gesenkt wird. Entmagnetisierung bedeutet nichts anderes als die Verringerung der Dichte der Feldlinien bzw. der Flussdichte. Sobald die magnetische Feldstärke die y-Achse für die Flussdichte schneidet, die Feldstärke auf der x-Achse also Null wird, entspricht der Wert für die restliche Flussdichte der Remanenz B_r des Magneten. Das bedeutet, die Remanenz ist ein Ausdruck für die Restmagnetkraft. Die anfänglich geringe Änderung der Remanenz besagt aber auch, dass bei der Einwirkung äußerer entgegengerichteter Magnetfelder nicht mit einem steilen Abfall der Haltekraft eines Magneten zu rechnen ist. Nur bei „schwachen" Magneten ist eine schnelle, intensive negative Beeinflussung der Haltekraft möglich.

Wenn sich bei der Entmagnetisierung eine große Koerzitivfeldstärke H_{cB} ergibt, dann lässt sich daraus schließen, dass Magnete mit hohen Koerzitivfeldstärken auch starke Magnete sein müssen. Die Koerzitivfeldstärke erhält nach dem SI-System die Dimension A/m oder kA/m. Unabhängig davon wird in vielen Spezifikationen die Koerzitivfeldstärke teilweise immer noch nach dem cgs-System in Oersted (Oe) oder in Gauß (G) angegeben, wobei 1 G 100 Oe sind. Leistungsstarke Dauermagnete erreichen Koerzitivfeldstärken bis etwa 2000 kA/m bzw. $2 \cdot 10^6$ G. Diese hohen Werte werden nur erreicht, wenn die Magnetisierung mit hohen Feldstärken erfolgt und bildlich ausgedrückt eine harte Magnetisierung stattfindet. Ebenso wie bei der Magnetisierung gibt es bei der Entmagnetisierung innerhalb der Dauermagnete einige mit hohem „Widerstand" gegen eine Entmagnetisierung (Samarium-Kobalt-Legierungen) oder andere mit geringem „Widerstand". So gilt für die Weichmagnete, dass sie sich schon mit geringen Feldstärken magnetisieren lassen, sozusagen auf „weiche" Art magnetisch werden, aber dafür verlieren sie leicht ihren Magnetzustand oder lassen sich leicht durch die Annäherung anderer magnetischer Stoffe oder Bauteile selbst bei noch großem Abstand entmagnetisieren, sodass schon geringe Magnetfelder zur Entmagnetisierung führen. Besonders „weiche" Magnete werden selbst schon durch das Erdmagnetfeld entmagnetisiert. Eine leichte Entmagnetisierung bedeutet letztlich nur, dass ein Magnet keine hohe Magnetstabilität besitzt und in der Nähe anderer Magnetfelder und bei Temperaturschwankungen störanfällig ist.

Die DIN EN 10330:2003-09 beschreibt das Verfahren zur Messung der Koerzitivität [3].

1.2.3 Energieprodukt

Das Produkt aus der Feldstärke H und der Flussdichte B eines Magneten ergibt eine Energiegröße, die dem Energieaufwand entspricht, der notwendig ist, um zwei Dauermagnete oder einen Dauermagneten und einen ferromagnetischen Magneten zu trennen. Bekanntermaßen versuchen sich Magnete mit ausreichend starken Magnetfeldern anzunähern und möglichst zu verbinden. Voraussetzung ist eine entgegengesetzte Polung der Dauermagnete, sodass sich überhaupt eine Anziehungskraft ergibt. Bei gleichgerichteten magnetischen Momenten in den Dauermagneten stoßen sich die Magnete gegenseitig ab. Da die magnetische Kraft auch vom Volumen eines Magneten abhängt, geht auch diese Größe in das Energieprodukt mit ein. Die Dimension des Energieproduktes lautete früher Oersted [Oe] oder Gauß [G], nach dem gültigen SI-System aber J/m³ bzw. mJ/m³. Es besteht folgender Zusammenhang:

1 Oe entspricht 100 G oder 100 mJ/m³.

Die Anziehung von Magneten ist immer mit einem Energiegewinn verbunden, der am größten ist, wenn sich die Magnete berühren und der Luftspalt zwischen den Magneten Null ist. Die Flussdichte ist für den Fall, dass der Abstand x gleich Null ist maximal. Der Punkt, an dem $(B \cdot H)_{max}$ gilt, also das Energieprodukt maximal ist, wird als Arbeitspunkt eines Magneten bezeichnet. Will man die Magnete wieder trennen, muss dem Magnetsystem wieder Energie in Form von Trennungsarbeit zugeführt werden. Dadurch erreichen die Magnete wieder einen höheren Energiezustand und erhalten so ihren dauermagnetischen Zustand. Da die Magnetfelder räumliche Gebilde sind, ist verständlich, dass die Feldstärken, mit denen sich die Magnete anziehen wollen, von der Magnetgeometrie sowie der Lage und dem Abstand zueinander abhängen. Magnetische Ringe besitzen deshalb zum Beispiel eine andere Flussdichte bzw. Haltekraft als magnetische Stäbe oder Quader. Unabhängig davon ist es aber möglich, die Änderung der Flussdichte und damit Haltekraft in Abhängigkeit von der Spaltweite zu bestimmen. Die Anziehungskräfte steigen überproportional mit der Annäherung bis zur Maximalkraft beim Kontakt, und sinken in gleicher Weise bis zu einem Wert, bei dem die Anziehungskräfte sehr klein werden. Dabei darf nicht außer Acht gelassen werden, dass die Magnetkraft ausreichend ist, um zum Beispiel Weichmagnete oder Bauteile, in denen sich magnetisierbare Stoffe oder Legierungen befinden, zu beeinflussen. Ein anschauliches Beispiel ist die „Zerstörung" von Speichermedien (Kreditkarten, Rabattkarten, Krankenversicherungskarten u. a.) bei ausreichender Annäherung eines Dauermagneten. Das heißt, eine Festplatte kann man dadurch „zerstören", dass man auf den Computer einen starken Dauermagneten legt. Die Änderung der Haltekraft bei der Einwirkung äußerer Magnetfelder ist auch bei lösbaren Verbindungen zu beachten, da man eine hohe Haltekraft mit externen entgegengerichteten Dauermagneten verringern kann, wenn sich beide Magnete ausreichend nahe kommen.

Die Messung des Energieproduktes, die Probengeometrie, die Prüfanordnung und die Randbedingungen während der Messung werden in der DIN EN 60404-5 beschrieben [6].

1.2.4 Permeabilität

Charakteristisch für alle Magnete ist, dass sie ein magnetisches Feld mit unsichtbaren Feldlinien besitzen, die in der Lage sind, andere Körper zu durchdringen. Am anschaulichsten ist der Versuch mit Eisenpulver auf einem Blatt, unter dem sich ein Dauermagnet befindet. Die Eisenpartikel werden entsprechend des Feldlinienverlaufes ausgerichtet. Das findet bei hoher Feldstärke besonders schnell statt. Wird dagegen zum Beispiel ein Aluminiumblech zwischen Eisenpulver und

Dauermagnet gelegt, findet auch eine Ausrichtung statt, aber weniger deutlich und langsamer, die Feldlinien haben nicht mehr die gleiche Kraft und sind geschwächt. Die Änderung der magnetischen Kraft beim Durchgang durch einen anderen Stoff ist stark vom jeweiligen Stoff abhängig, das heißt, die Durchlässigkeit ist von Stoff zu Stoff verschieden. Die Durchlässigkeit der magnetischen Feldlinien bzw. der magnetischen Kraft wird als Permeabilität bezeichnet. Der Begriff der Permeabilität kommt bei Prozessen in der Natur mehrfach vor. So wird auch die Durchlässigkeit von Flüssigkeiten und Gasen durch Kunststofffolien als Permeabilität und der Prozess selbst als Permeation bezeichnet.

Aufgrund der Vergleichbarkeit mit elektrischen Feldern wird die Permeabilität auch sehr anschaulich als „magnetische Leitfähigkeit" bezeichnet. Da es Stoffe gibt, die für magnetische Feldlinien besonders durchlässig sind oder die Durchlässigkeit sehr gering ist, kann man die Stoffe aus magnetischer Sicht wieder in verschiedene Stoffgruppen einteilen. Dabei wird die „Durchlässigkeit", also die Permeabilität, im Vakuum oder in 1. Näherung in der Luft mit 1 festgelegt und dann gemessen, wie sehr sich die Permeabilität aller anderen Stoffe im Verhältnis zur Luft ändert.

Liegt die Permeabilität:

- über $\mu = 1$, handelt es sich um paramagnetische Stoffe (Luft, Aluminium, Platin),
- sehr viel über $\mu = 1$, handelt es sich um ferromagnetische Stoffe (Eisen, Kobalt, Nickel, Ferrite),
- unter $\mu = 1$, handelt es sich um diamagnetische Stoffe (Silber, Kupfer, Blei, Zinn).

Die Permeabilität μ entspricht dem Verhältnis von Flussdichte B zur Feldstärke H:
$\mu = B/H$

Wenn das Verhältnis $B/H = 1$ ist, und das gilt für eine Messung von B und H im Vakuum, in dem keine Schwächung der beiden Größen stattfindet, ist die Permeabilität 1. Die Vakuumpermeabilität wird auch als μ_0-Wert bezeichnet und die relative Permeabilität μ/μ_0 entspricht dem μ_r-Wert.

Sobald die Permeabilität eines Stoffes bekannt ist, kann daraus abgeleitet werden, ob es sich um einen ferromagnetischen Stoff handelt, ob ein Einsatz als Magnetwerkstoff sinnvoll ist und welche Haltekräfte unter Berücksichtigung weiterer Randbedingungen zu erwarten sind.

Dass die Permeabilität sehr viel größer als 1 bei ferromagnetischen Stoffen ist, ergibt sich durch die Ausrichtung der magnetischen Momente in den beteiligten Atomen, sodass die Flussdichte B stark ansteigt.

In der DIN EN 60404-15:2013-04 [4] wird die Berechnung der Permeabilitätszahl angegeben.

1.2.5 Curie-Temperatur

Die Magneteigenschaften der Dauermagnete und ferromagnetischen Metalle sind vom Atomaufbau und von ganz besonderen Energiezuständen innerhalb der einzelnen Atome abhängig. Der atomare Aufbau der Metalle führt zu charakteristischen kristallinen Strukturen, die die typischen Metalleigenschaften bewirken. Je nach Atomaufbau und kristalliner Struktur ergeben sich dann Dauermagnete, Ferromagnete oder paramagnetische Metalle. Die Metalle sind in der Lage, durch Wärmebehandlungen ihre kristallinen Strukturen zu verändern. Es bilden sich innerhalb der kristallinen Struktur verschiedene typische Phasen, wobei nur ganz bestimmte Phasenzustände magnetische Eigenschaften aufweisen. Aus diesem Grund ist es auch möglich, durch den Herstellungsprozess und die Wärmebehandlung beim Sintern oder nach dem Gießen aus der Schmelze die Phasenbildung zu beeinflussen und damit die Magneteigenschaften. Wird Magneten laufend Energie durch Erwärmung zugeführt, verändert sich auch der Phasenanteil mit den magnetischen Eigenschaften zugunsten der unmagnetischen Phasen. Bei einer für jeden Magneten typischen Temperatur existieren keine Phasen mit magnetischen Eigenschaften mehr. Diese Temperatur wird als Curie-Temperatur bezeichnet. Bei der Curie-Temperatur ist die innere Energie so groß, dass sich die Elektronenstrukturen völlig verändern. Da dann keine stabilen Dipolmomente mehr existieren, sind aus den Dauer- und Ferromagneten paramagnetische Materialien oder Bauteile geworden. Bei einer Abkühlung entstehen wieder Phasen mit ferromagnetischem Verhalten, das heißt, der magnetische Charakter von Metallen und Metalllegierungen ist reversibel. In der Praxis werden die Curie-Temperaturen nicht erreicht. Trotzdem sind es Kennwerte, die etwas über die Magnetstabilität aussagen, denn je höher die Curie-Temperatur ist, desto stabiler sind die magnetischen Eigenschaften.

Die Curie-Temperaturen der Magnete betragen für Nickel 358 °C, für Eisen 769 °C und für Kobalt 1127 °C.

1.2.6 Thermische Stabilität

Es wurde schon darauf hingewiesen, dass Magnete nicht unbegrenzt thermisch belastbar sind. Abhängig vom Magnettyp, von der Höhe der Flussdichte, der Höhe der Koerzitivfeldstärke oder der Sättigungsfeldstärke (Induktion) ändern sich die Kennwerte der Magnete mit steigender oder fallender Temperatur. Wenn ein linearer oder ein annähernd linearer Zusammenhang zwischen der Temperaturänderung und der Änderung einer magnetischen Größe besteht, kann der Kenngröße ein Temperaturbeiwert zugeordnet werden. Dieser Beiwert entspricht dem Anstiegswinkel einer Gerade in einem Kennwert-Temperatur-Diagramm. Wird die prozentuale Änderung über der Temperatur aufgetragen, ergibt sich ein Temperaturbeiwert in %/K, das heißt, mit dem Beiwert kann berechnet werden, um wieviel Prozent sich eine magnetische Größe bei einer bestimmten Temperaturänderung ΔT verändert. Wenn der Ausgangswert bekannt ist, lässt sich der tatsächliche Wert bei jeder beliebigen Temperatur berechnen. Entscheidend ist, dass sich eine Kenngröße nicht irreversibel ändert. Die besondere Bedeutung der Temperaturbeiwerte wird sichtbar, wenn das Verhalten der Magnete bei hohen und tiefen Temperaturen betrachtet wird. Bei großen Temperaturbeiwerten bewirken schon relativ kleine Temperaturänderungen größere Veränderungen der magnetischen Kennwerte. Da sich zum Beispiel Remanenz und Koerzitivfeldstärke bei Temperaturänderungen gegensätzlich verhalten, wird die Magnetauswahl auch von der Einsatztemperatur bestimmt. Wenn die Remanenz mit der Temperatur steigt, gleichzeitig aber die Koerzitivfeldstärke sinkt und umgekehrt bei tiefen Temperaturen die Remanenz absinkt und die Koerzitivfeldstärke größer wird, ergeben sich bei hohen und tiefen Temperaturen unterschiedliche Magnettypen.

Temperaturbeiwerte gibt es für einige Magnete und vor allem für die Remanenz, die magnetische Flussdichte und die Koerzitivfeldstärken H_{cB} und H_{cJ}. In Kapitel 5 und 6 wird gezeigt, wie sich die Magnetkraft von Neodym-Magneten verhält, wenn die Magnete über 100 °C erwärmt werden.

Literatur

1. *Kuchling H.*: Taschenbuch der Physik, 19. Auflage, Carl Hanser Verlag, München, 2007
2. *Stöcker H.*: Taschenbuch der Physik, 5. Auflage, Harri Deutsch Verlag, Frankfurt am Main, 2004
3. DIN EN 10330:2003-09 Magnetische Werkstoffe – Verfahren zur Messung der Koerzivität magnetischer Werkstoffe im offenen Magnetkreis
4. DIN EN 60404-15:2013-04 Magnetische Werkstoffe – Teil 15: Verfahren zur Bestimmung der Permeabilitätszahl schwachmagnetischer Werkstoffe (IEC 60404-15:2012); deutsche Fassung EN 60404-15:2012
5. *Fischer R.*: Elektrische Maschinen, 15. Auflage, Carl Hanser Verlag, München, 2011
6. DIN EN 60404-8-5:2008-05 Magnetische Werkstoffe – Teil 5: Dauermagnetwerkstoffe (hartmagnetische Werkstoffe) – Verfahren zur Messung der magnetischen Eigenschaften

2 Legierungen

Die industrielle Nutzung der Magnete wurde durch einige wichtige Entwicklungen bestimmt, die verdeutlichen, dass der Magnetismus zwar schon lange bekannt war, aber dass erst vor etwa 80 Jahren die Forschungen zu konkreten Anwendungen führten. Dazu zählen folgende Entwicklungen:

- 1930: AlNiCo als Dauermagnet wird industriell hergestellt.
- 1950: Kombinationen aus Strontium- und Bariumoxid mit Eisenoxiden führen zu Hartferriten (gehören aufgrund des chemischen Aufbaus und der typischen Eigenschaften zu den Oxidkeramiken).
- 1970: Durch Kombinationen aus Kobalt und Elementen der seltenen Erden entstehen Hartferrite (auch als SECO-Magnete bezeichnet).
- 1980: Die Elemente Neodym, Eisen und Bor ergeben in einer gemeinsamen Legierung die stärksten industriell genutzten Dauermagnete [1].

Die Werkstoffe können aus Sicht des Magnetismus nach folgendem Schema eingeteilt werden [2]:

- *Nicht magnetische Werkstoffe:* zum Beispiel alle Nichtmetalle oder Erdalkalimetalle.
- *Magnetische Werkstoffe:* Metalle mit besonderer Elektronenstruktur, die zur Bildung von magnetischen Momenten in den Metallen führen und diese Momente zugleich nach außen gerichtete Kräfte (Magnetkräfte) bewirken. Die Summe aller Magnetkräfte bestimmt dann die Intensität des Magnetfeldes.

In der Gruppe der magnetischen Werkstoffe gibt es eine weitere Unterteilung:

- *Weichmagnetische Werkstoffe:* Weichferrite, zum Beispiel reines Eisen mit geringem Kohlenstoffgehalt, Nickel, Kobalt [3] [4] [5] mit Koerzitivfeldstärken bis 1000 A/m. Wenn ein Dauermagnet von den weichmagnetischen Stoffen entfernt wird, verlieren sie ihre Magnetkraft.

Eisen gehört aufgrund der unterschiedlichen Kohlenstoffanteile sowohl zu den Hart- als auch zu den Weichferriten. Während der Herstellung kann der Kohlenstoffgehalt im Eisen gesteuert werden. Durch den Anteil weiterer Begleitelemente ergeben sich die verschiedensten Eisensorten, so auch die weichmagnetischen oder hartmagnetischen Typen. Die weichmagnetischen Werkstoffe lassen sich leicht magnetisieren, das heißt, die magnetischen Momente der Atome werden ohne größeren Energieaufwand so ausgerichtet, dass ein nach außen wirkendes (äußeres) Magnetfeld entsteht.

Hartmagnetische Werkstoffe, zugleich dauermagnetische Werkstoffe mit Feldstärken über 10 000 A/m: Hartferrite wie Bariumferrit, Strontiumferrit (oder Mischungen aus beiden), Eisen mit hohem Kohlenstoffgehalt, Legierungen wie Samarium-Kobalt ($SmCo_5$, Sm_2Co_{17}), Neodym-Eisen-Bor (NdFeB), Aluminium-Nickel-Kobalt (AlNiCo) [6] [7]. $SmCo_5$ ist eine Mischung aus den beiden Elementen Samarium und Kobalt, und Sm_2Co_{17} enthält zusätzlich etwa 20 Masse-% Eisenoxid. Bei Hartmagneten liegt die Koerzitivfeldstärke über 10 000 A/m. Auch wenn ein hartmagnetischer Dauermagnet abgeschaltet wird, bleibt die induzierte Magnetkraft erhalten.

Für die Anwendung in der Verbindungstechnik sind die Hartferrite aus Bariumferrit, Strontiumferrit und die Dauermagnete aus Neodym, Eisen und Bor von besonderem Interesse. Als Gegenstück zur Herstellung lösbarer Verbindungen werden häufig ferromagnetische Eisenteile, in Sonderfällen Teile aus Nickel oder Kobalt, eingesetzt.

Die hart- und weichmagnetischen Metalle und Legierungen korrodieren relativ leicht, sodass sie vor Feuchtigkeit und Sauerstoff geschützt werden müssen. Besonders die Neodym-Legierungen korrodieren sehr schnell in Anwesenheit von Feuchtigkeit oder im Kontakt mit Lösungen, deren pH-Werte unter oder über 7 liegen. Zur Vermeidung der Korrosion werden die korrosionsanfälligen Neodym-Dauermagnete und Ferrite mit Schutzschichten überzogen. Selbstverständlich können die Magnete nur mit solchen Schichten überzogen werden, die die Magnetkraft nicht oder nur gering schwächen. In der Praxis hat sich Nickel besonders bewährt, da es die Magnetstärke nicht wesentlich verändert. Außerdem sind Nickelschichten für kleine Magnete, die häufig für mehrfach lösbare Verbindungen eingesetzt werden, auch optisch interessant. Neben Nickel sind es Zink- oder Zinnschichten, die die Korrosionsanfälligkeit unterdrücken. Im einfachsten Fall werden die metallischen Magnete mit Lacken überzogen, die selbst eine hohe Chemikalienstabilität besitzen. Die kunststoffgebundenen Magnete sind durch die Umhüllung der Magnetpartikel verständlicherweise korrosionsstabile Magnete, die keine weiteren Schutzschichten benötigen

Eine umfassende Einteilung der Magnete enthält die DIN IEC 60404-1 [2].

■ 2.1 Hartferrite

Der Atomaufbau einiger Elemente der 3. Nebengruppe im Periodensystem ist besonders geeignet, das sie magnetische Momente bilden, die Elemente also magnetisch werden. Diese Metalle werden als Seltenerdmetalle oder kurz als SE-Metalle bezeichnet. Besonders die Kombinationen von Eisenoxid mit Bariumoxid und/oder Strontiumoxid ergeben Ferrite der Seltenerdmetalle.

Die für die Magnettechnik wichtigen Metalle kommen nur in chemisch gebundener Form in der Natur vor, sind aber teilweise gar nicht so selten vorhanden, insofern ist der Begriff Seltenerdmetalle nicht ganz korrekt, wird aber aus historischen Gründen beibehalten.

Die Hartferrite aus Eisen- und Bariumoxid (BaO) oder Eisen- und Strontiumoxid (SrO) oder Mischungen aus beiden Ferriten sind mengenmäßig die wichtigsten Dauermagnete, sie werden auch als Barium- und/oder Strontiumferrite bezeichnet. Die Ferrite gehören zur Gruppe der Oxidkeramiken, zu denen auch andere Oxide wie Aluminiumoxid, Titandioxid oder Zirkoniumoxid gehören. Zu den besonderen Eigenschaften der Oxidkeramiken zählen die hohen Schmelztemperaturen und damit die hohe thermische Stabilität, der geringe Verschleiß bei der mechanischen Bearbeitung von Metallen (Anwendung in Schneidkeramiken), die große Härte, die Korrosionsstabilität, aber auch die geringe Zähigkeit und die Empfindlichkeit gegenüber Schlag und schnelle Temperaturwechsel. Diese Eigenschaften sind auch für die magnetischen Hartferrite typisch.

Genau genommen handelt es sich bei den Hartferriten um Mischungen aus Fe_2O_3 (Eisen-III-Oxid), $Fe_2O_3 \cdot H_2O$ (Fe-III-Oxid mit Kristallwasser), und BaO oder SrO mit den Summenformeln $BaFe_{12}O_{19}$ und $SrFe_{12}O_{19}$, das heißt zum Beispiel, Bariumferrite bestehen aus sechs Teilen Eisen-3-Oxid (Fe_2O_3) und einem Teil Bariumoxid (BaO). Das Mischungsverhältnis von Barium- oder Strontiumoxid und dem Eisenoxid kann zwischen 4,5 und 6,5 variieren, mit Folgen für die Verarbeitungseigenschaften.

Sie sind vergleichsweise kostengünstig herzustellen und gleichzeitig vielseitig einsetzbar. Außerdem lassen sie sich anisotrop und isotrop magnetisieren. Die isotropen Hartferrite ergeben nur etwa 30 % des Energieproduktes anisotroper Ferrite. Die isotrope Variante dieser Hartferrite wird zuerst in einem Pressvorgang und dann in einem Sinterprozess ohne äußeres Magnetfeld hergestellt. Um eine Vorzugsrichtung der Dipolmomente (Anisotropie) zu erreichen, werden die Ferrite in Gegenwart eines äußeren Magnetfeldes gesintert.

Das Sintern der Ferritpulver erfolgt während eines isostatischen Pressens oder einer linearen Kompression. Beim isostatischen Pressen wird ein gleichmäßiger Druck auf die gesamte Bauteiloberfläche erzeugt, bei der linearen Kompression nur in einer Raumrichtung. Das Richtfeld der Magnetisierungsvorrichtung kann parallel oder quer zur Kompressionsrichtung angeordnet werden. Die Pulverqualitäten, die Art des Pressens und das Richtfeld bestimmen, ob anisotrope oder isotrope Ferrite entstehen. Anisotrope Magnete entstehen beim Pressen und Sintern nur, wenn die Magnetpartikel schon im Pulver magnetisiert wurden. Sinter- und Pressprozess sind für die Barium- und Strontiumferrite ähnlich.

Die Anisotropie der Hartferrite hat ganz praktische Auswirkungen, denn die Koerzitivfeldstärke ist bei diesen Magneten relativ groß. Da die Remanenz nicht in gleichem Maß zunimmt, vergrößert sich das Verhältnis von Koerzitivfeldstärke zu Remanenz. Zur Nutzung der verfügbaren Magnetkraft in Hartferriten sind deshalb große Kontaktflächen günstiger als kleinere. Unter Berücksichtigung des gleichen Magnetvolumens sind also Scheiben geometrisch günstiger als Stäbe mit kleinen Durchmessern der Stirnflächen. Der Geometrieeinfluss auf die Trennkräfte wird besonders sichtbar, wenn zwei Zylinder nebeneinander oder aufeinander gelegt werden. Dabei verändert sich das Magnetvolumen nicht, aber die Kontaktfläche ist im ersten Fall doppelt so groß wie im zweiten. Die doppelte Kontaktfläche vergrößert die Trennkraft mehr als das doppelte, das heißt, alleine die doppelte Kontaktfläche bedeutet eine überproportionale Haftung.

Die rein metallisch gesinterten Hartferrite sind sehr spröde und können nur mit Diamantwerkzeugen bearbeitet werden. Schon aus diesem Grund sind die kunststoffgebundenen Magnete für mehrfach lösbare Verbindungen besonders interessant. Nur bei größeren Haltekräften und kleinen Bauteilen kann man auf die reinen Hartferrite nicht verzichten. Häufig wird dabei auf Standardgeometrien wie Scheiben, Ringe und Blöcke zurückgegriffen.

Alle in Pulverform vorliegenden Ferrite lassen sich mit thermoplastischen Kunststoffen, Elastomeren und Duromere verarbeiten. Das heißt, die Ferrite auf Basis von Eisenoxid und Barium- oder Strontiumoxid können praktisch nach allen Methoden der Kunststoffverarbeitung urgeformt werden. Daher sind Hartferrite in vielen Varianten verfügbar. Das ist einer der Gründe, warum es gerade mit den Hartferriten so viele Anwendungen auch im Bereich der mehrfach lösbaren Verbindungen gibt.

Die Pulverpartikel müssen in der Polymermatrix homogen verteilt werden, um gleichmäßige Magnetkräfte über die gesamte Kontaktfläche zu gewährleisten. Im Spritzgießprozess entstehen endformnahe Bauteile, die gar nicht oder nur wenig nachbearbeitet werden müssen. Diese Nacharbeiten sind wesentlich einfacher als die Endbearbeitung der gesinterten Dauermagnete mit Diamantwerkzeuge. Rohre, Platten und Profile werden kontinuierlich im Extrusionsprozess hergestellt. Für die Plattenherstellung eignet sich auch das Kalandrieren auf Walzenkalandern. Für spezielle Anwendungen werden pulverförmige magnetische Partikel direkt in flüssige Gießharze eingearbeitet, die in einem Härtungsprozess vernetzen und hart werden. Die flüssigen, füllstoffhaltigen Gießharze können in Gießformen mit unterschiedlichen Konturen gegossen werden, sodass ebenfalls eine endformnahe Fertigung möglich ist.

Einzelheiten zur Fertigung kunststoffgebundener Magnete enthält Kapitel 4.

2.1.1 Strontiumferrite

Für die Herstellung von Strontiumferriten wird Strontium-2-Oxid benötigt, das über Strontiumcarbonat durch Abspaltung von CO_2 gewonnen wird. Dieser Prozess wird als Kalzinierung bezeichnet. Der Prozess hat sich in vielen Fällen bewährt, um eine thermische Abspaltung von gasförmigen Stoffen in Mineralien zu erreichen. Nach der Kalzinierung liegt das SrO vor, das zu Pulver gemahlen und dann in dem eigentlichen Sinterprozess zum Strontiumferrit umgewandelt wird.

Aufgrund der aufwendigen Nachbearbeitung mit Diamantwerkzeugen werden mittels Pulversintern nur einfache Geometrien hergestellt. Die Sr-Fe-Ferrite gibt es auch in Form kunststoffgebundener Bauteile. Typische Eigenschaften sind in Tabelle 2.1 zusammengestellt. Weitere Details enthält die DIN IEC 60404-8-1 [7].

Tabelle 2.1 Magneteigenschaften und physikalische Kennwerte für Strontiumferrit

Messwerte	Strontiumferrit anisotrop
Energieprodukt $(B \cdot H)_{max}$ in kJ/m^3	28 bis 35
Remanenz B_r in mT	385 bis 450
Koerzitivfeldstärke H_{cB} in kA/m	230 bis 275
Koerzitivfeldstärke H_{cJ} in kA/m	230 bis 290
Dichte in g/cm^3	4,90
Temperaturbeiwert für B_r in %/K	−0,20
Temperaturbeiwert für H_{cB} in %/K	0,20
Maximale Einsatztemperatur in °C	200

2.1.2 Bariumferrite

Barium-Ferrite aus Fe_2O_3 und Bariumoxid sind relativ robust und unempfindlich gegenüber Luftfeuchtigkeit. Die Herstellung ist mit der Herstellung von Strontiumferriten vergleichbar. Barium gehört zur Gruppe der Schwermetalle. Das muss beim Kontakt mit anderen Werkstoffen und vor allem bei Anwendungen im Lebensmittelbereich oder im medizinischen Bereich beachtet werden. Sobald die metallischen Magnete mit einem Kunststoff, vorzugsweise mit Elastomeren, ummantelt werden, können die Magnete auch in kritischen Bereichen eingesetzt werden.

Anisotrope kunststoffgebundene Bariumferrite können von −40 bis 85 °C eingesetzt werden. Diese maximale Einsatztemperatur der kunststoffgebundenen Bariumferrite wird vor allem durch die Auswahl des Bindemittels bestimmt. Die metallischen Ferrite sind kurzzeitig bis 250 °C belastbar. Längere Zeiten bei höheren Temperaturen führen zu irreversiblen Magnetverlusten. Der Einfluss von Zeit und

Temperatur auf die Stabilität der Magnetkräfte muss für jeden Einzelfall gesondert überprüft werden.

Einige Eigenschaften von Bariumferrit sind in Tabelle 2.2 zusammengefasst.

Tabelle 2.2 Magneteigenschaften und physikalische Kennwerte von Bariumferriten

Messwerte	Bariumferrit anisotrop, kunststoffgebunden	Bariumferrit anisotrop	Bariumferrit isotrop
Energieprodukt $(B \cdot H)_{max}$ in kJ/m^3	12	30	7,5
Remanenz B_r in mT	245	450	220
Koerzitivfeldstärke H_{cB} in kA/m	175	265	130
Koerzitivfeldstärke H_{cJ} in kA/m	207	275	160
Dichte in g/cm^3	3,70	5,00	5,00
Temperaturbeiwert für B_r in %/K	-0,20	-0,20	-0,20
Maximale Einsatztemperatur in °C	−40 bis 85	250	250

2.2 Neodym-Eisen-Bor-Legierung

Die Neodym-Eisen-Bor-Legierungen, auch als Neodym-Magnete und in der Kurzform als ReFeB-Magnete bezeichnet, gehören seit 1982 zu den wichtigsten Legierungen für Dauermagnete. Genau genommen handelt es sich bei den Neodym-Magneten um $Nd_2Fe_{14}B$-Mischungen Die Mischungen aus Neodym, früher auch als Neodymium bezeichnet, Eisen und Bor besitzen für besondere Anwendungen Koerzitivfeldstärken bis 2700 kA/m. Das ist einer der höchsten Werte für Dauermagnete. Gleichzeitig besitzen sie eine relativ hohe Sättigungsmagnetisierung, das heißt, das Energieprodukt ist im Vergleich zu anderen Magneten groß. Die Neodym-Eisen-Bor-Magnete gehören damit zu den leistungsstärksten Magneten, wenn die Haltekraft auf das Magnetvolumen bezogen wird. Daher bieten sich Neodym-Eisen-Bor-Magnete für kleine, unauffällige, lösbare Verbindungen an. Sie gewährleisten auch bei kleinen Kontaktflächen eine hohe Verschlusszuverlässigkeit. Anschaulich kann die Leistung der Magnete gezeigt werden, wenn bei gleicher Form die Tragfähigkeit der Magnete verglichen und die getragene Masse auf die Magnetmasse bezogen wird. Für kleine Magnete, wie sie mit den Daten nach DIN IEC 60404-1 [2], (davor DIN 17410) hergestellt werden, betragen die Haltekräfte mit Eisenteilen das 650-fache des Eigengewichts. Dieses Verhältnis ergibt sich, wenn Neodym-Magnete mit einer Kontaktfläche von 200 mm^2 und einem Magnetvolumen von 4 cm^3 auf einem Eisenstab fixiert und belastet werden. Die Tragfähigkeit erreicht bei einem Eigengewicht von 3,77 g und bei einer senkrechten Belastung bis zum Versagen der Magnetverbindungen mit Eisengewichten 2450 g.

Die maximale thermische Belastbarkeit von 150 °C, die von der Legierungszusammensetzung, der Bauteilgeometrie und von der tatsächlich erforderlichen Haltekraft abhängig ist, gilt als Nachteil dieser Magnete gegenüber Magneten mit hoher Koerzitivfeldstärke. Allerdings ist die Einsatzgrenze von 150 °C für viele Verbindungen nicht von Bedeutung. Im Vergleich mit anderen Metalllegierungen, zum Beispiel aus Aluminium, Nickel und Kobalt (AlNiCo-Magnete) oder Samarium und Kobalt haben die Neodym-Magnete drei besonders wichtige Vorteile:

- Sie kosten weniger als die genannten Legierungen (allerdings auch mehr als die Ferrite aus Bariumoxid und Strontiumoxid).
- Sie sind nicht so spröde wie die anderen Metalllegierungen.
- Die Korrosionsanfälligkeit wird durch geeignete Schutzschichten verringert.

Tabelle 2.3 unterstreicht noch einmal die besondere Stellung der NdFeB-Magnete unter den anderen Magneten. Es handelt sich um Durchschnittswerte, wobei durch die Art der Herstellung (gesintert oder gegossen) und durch die Einarbeitung der Metallpulver in Kunststoffen Abweichungen auftreten. Das gilt auch beim Vergleich isotroper oder anisotroper Magnete. Auch die unterschiedlichen Formen beeinflussen die Magneteigenschaften, sodass nur gleiche Geometrien für Vergleiche geeignet sind.

Tabelle 2.3 Eigenschaftsvergleich von Dauermagneten

Magnet	Remanenz B_r in mT	Energieprodukt $(H \cdot B)_{max}$ in kJ/m³	Curie-Temperatur in °C
NdFeB-Legierung	1300	bis 510	310
Bariumferrit	400	30	450
Strontiumferrit	400	35	450
SmCo-Legierung	1100	240	825
AlNiCo-Legierung	1300	80	860

In Dokumentationen, wissenschaftlichen Darstellungen und ähnlichen Publikationen wird häufig zur Vereinfachung die Bezeichnung NdFeB verwendet. Bei den Neodym-Magneten sind die Elemente Neodym, Eisen und Bor nicht im Verhältnis 1:1:1 gemischt, sondern das tatsächliche Mischungsverhältnis beträgt 2:14:1, sodass die Bezeichnung $Nd_2Fe_{14}B$ genauer beschreibt, wie diese Magnete zusammengesetzt sind. Bei der gewichtsmäßigen Zusammensetzung muss die Dichte der beteiligten Atome berücksichtigt werden. Der Hauptanteil besteht immer aus Eisen, das etwa 65 bis 70 Gewichts-% in den Neodym-Magneten ausmacht, Bor etwa 2 Gewichts-% und Neodym etwa 30 Gewichts-%.

Zur Herstellung metallischer Neodym-Magnete gibt es zwei Verfahren: den Gießprozess oder das Pulversintern. Entscheidend für die Magnetqualität sind die Parameter beim Sinterprozess und die Parameter der Pulver. Der erste Schritt zur Magnetherstellung ist immer die Herstellung von pulverförmigen Teilchen der beteiligten Elemente, die im vorgegebenen Verhältnis gemischt und gesintert werden. Nach der nochmaligen Zerkleinerung der gesinterten Legierung werden die Pulver zu einem Bauteil gepresst. Wenn der Pressvorhang in einem Magnetfeld erfolgt, entstehen aus der Legierung anisotrope Neodym-Magnete. Nach dem Pressen folgt der wichtige zweite Sinterprozess. Dieser zweite Sinterprozess ist auch für die magnetischen Eigenschaften mitentscheidend, denn beim ersten Sintervorgang bestehen die drei Bestandteile noch aus groben Kristallen, die nicht magnetisch sind. Der zweite Sinterprozess muss so gesteuert werden, dass feinkristalline Strukturen entstehen. Wird der Sinterprozess gleichzeitig in einem Magnetfeld durchgeführt, so ergeben sich die gewünschten feinkristallinen Strukturen mit vielen ausgerichteten magnetischen Momenten, sodass die gesinterten Pulver dann anisotrop magnetisch werden.

Ein anderer Weg zur Aufbereitung der einzelnen Elemente Neodym, Eisen und Bor besteht darin, die in einem Vorprozess anfallenden „Flocken“ zu zerkleinern und heiß zu pressen. Die so entstandenen Materialien sind isotrop. Zu anisotropen Bauteilen gelangt man über das isostatische Warmfließen.

Für die Praxis ist die Einsatztemperatur eine wichtige Größe. Sie liegt für NdFeB-Legierungen, zum Beispiel für N25 oder N32, bei 80 °C. Eine kurzzeitige Überhitzung innerhalb von zehn Minuten auf 100 °C verringert nicht die Haftkraft, das heißt, Zeit und Temperatur bestimmen den Verlust an Magnetkraft. So beträgt der Haftkraftverlust nach 24 Stunden bei 120 °C etwa 30 % gegenüber den Ausgangswerten. Eine dauerhafte Erwärmung auf 80 °C bewirkt dagegen nach mehreren Tagen einen fast vollständigen Haftkraftverlust. Spezielle Neodym-Magnete werden aber auch mit höheren Energieprodukten angeboten, die dann Einsatztemperaturen bis 190 °C besitzen.

Die NdFeB-Magnete gibt es als gesinterte rein metallische und als kunststoffgebundene Magnete. Bei den kunststoffgebundenen Magneten gibt es wiederum verschiedene Halbzeuge wie Ringe, Plättchen, Quader, Stäbe oder u-förmige Teile, aber auch Folien im Dickenbereich von etwa 0,5 bis 8 mm. Mit dem Spritzgießen sind Formen möglich, die mit keinem anderen Verfahren hergestellt werden können.

Neben den magnetischen Eigenschaften sind auch andere Eigenschaften wichtig, Tabelle 2.4. Entscheidend für die Magnetauswahl sind die Magnettypen, die von N 25 bis N 55 reichen. Die dazu gehörenden Kennwerte enthält die DIN IEC 60404-1 [2].

Tabelle 2.4 Charakteristische Kennwerte für die industrielle Anwendung der Neodym-Magnete

Messwerte	NdFeB	NdFeB kunststoff-gebunden	NdFeB+PA11 kunststoff-gebunden isotrop
Energieprodukt $(B \cdot H)_{max}$ in kJ/m³	245 bis 370	80 bis 96	50
Remanenz B_r in mT	980 bis 1400	700 bis 800	540
Koerzitivfeldstärke H_{cB} in kA/m	700 bis 920	420 bis 480	330
Koerzitivfeldstärke H_{cJ} in kA/m	800 bis 2400	640 bis 880	600
Temperaturbeiwert für B_r in %/K	−0,10	−0,10	−0,12
Dichte in g/cm³	7,40 bis 7,60	6,00	5,10
Zugfestigkeit in MPa	65	von Kunststoff abhängig	55
Biegefestigkeit in MPa	70	von Kunststoff abhängig	70
Ausdehnungskoeffizient in mm/(m K)	0,048	von Kunststoff abhängig	0,048
Maximale Einsatztemperatur in °C	120	120	100

Neodym-Magnete sollten möglichst endformnah gefertigt werden, da eine mechanische Bearbeitung die äußeren Schutzschichten beschädigen kann und dann die Magnete in Anwesenheit von Sauerstoff und Feuchtigkeit korrosiv zerstört werden. Die Korrosionsanfälligkeit ist der Hauptgrund, warum die Neodym-Magnete meistens eine Vernickelung erhalten, die verständlicherweise nicht beschädigt werden sollte. Die Vernickelung ist wieder ein komplizierter Prozess, da die Vernickelung aus einem Drei-Schicht-System von Nickel-Kupfer-Nickel besteht. Ohne eine Vernickelung wäre der Korrosionsschutz aufgehoben. Die Korrosionsprodukte tragen nicht zur Magnetstärke bei, sodass sich die Haltekräfte ständig verringern würden. Die Korrosionsanfälligkeit ist so groß, dass das Drei-Schichtsystem Nickel-Kupfer-Nickel durch weitere Schichten verstärkt wird. Die Dicken der einzelnen Schichten betragen etwa 5 µm.

Neben der Vernickelung gibt es Chrom- und Kupferbeschichtungen und sogar Goldbeschichtungen, die wiederum auf dem System aus Nickel-Kupfer-Nickel aufgetragen werden. Die Beispiele zeigen, dass ein relativ hoher Aufwand betrieben wird, um die Korrosion sicher zu vermeiden. Das bedeutet zugleich, dass unter praktischen Bedingungen selbst kleinste Fehler in den Beschichtungen vermieden werden müssen. Deshalb erhalten die Magnete zusätzlich Kunststoffbeschichtungen, die häufig dicker als die Metallbeschichtungen sind.

Neodym-Magnete sollten nicht gelötet werden, da die Erwärmung zu groß wäre und dadurch die Magnetkraft geschwächt würde. Das Schweißen sollte ebenfalls nicht in Betracht kommen, da die Erwärmung noch größer wäre und die Magnete dann ganz ausfallen. Sofern die Magnete mit anderen Werkstoffen verbunden werden sollen, können sie kalt geklebt werden. Dabei muss berücksichtigt werden, dass die Grenzschicht, die die Haftung bestimmt, aus der Kombination Nickel/Klebstoff besteht und nicht alle Klebstoffe gut an Nickel haften. Nickel ist ganz im Gegenteil ein schwierig zu klebender Werkstoff. Bei der Anwendung von Cyanacrylaten, besser bekannt als Sekundenklebstoff, sollten mindestens flexible Typen verwendet werden. Ansonsten besteht die Gefahr, dass die Klebstoffschichten aufgrund der Sprödigkeit spontan abplatzen und dann die Klebungen adhäsiv versagen. Durch die Anwendung von Primern kann die Haftung verbessert werden. Cyanacrylate sind selbst nur bis etwa 80 °C belastbar, über 80 °C sind die Cyanacrylate sehr weich und versagen dann häufig kohäsiv, wenn nicht schon vorher die Klebverbindungen adhäsiv versagten. Epoxidharz- und Polyurethanklebstoffe sollten nur verwendet werden, wenn die Nickeloberflächen vorbehandelt wurden. Neben einer exakten Reinigung eignen sich Atmosphärendruckplasmen und andere energiereiche Verfahren zur Vorbehandlung (siehe Abschnitt 4.5.1.1). Gerade bei Nickeloberflächen muss immer wieder darauf hingewiesen werden, dass der Vorbehandlungseffekt schon nach Stunden verloren geht oder stark reduziert ist, sodass nur eine inline-Plasmabehandlung empfehlenswert ist. Unabhängig von den besonderen Schwierigkeiten beim Kleben auf Nickelschichten muss berücksichtigt werden, dass es inzwischen reaktive Zwei-Komponenten-Klebstoffe gibt, die auch auf Nickel hochfeste Verbindungen ergeben. Die häufigsten klebtechnischen Aufgaben bestehen aber beim Verbinden der kunststoffgebundenen und metallischen Magnete mit anderen Substraten. Für einige Anwendungen werden die Metallmagnete zusätzlich mit Elastomeren ummantelt, sodass diese Ummantelung geeignete klebtechnische Lösungen erfordert. Bei den kunststoffgebundenen Magneten steht die Haftung zum Kunststoff als Bindemittel in Vordergrund (Einzelheiten dazu in Abschnitt 5.3).

Das Bild 2.1 zeigt das Bruchbild eines rein metallischen Neodym-Magneten mit einer feinkristallinen Struktur, aber auch mit der Inhomogenität, die leicht bei schlagartiger Belastung zum Bruch der Magnete führt.

Bild 2.1 Bruchbild eines metallischen Neodym-Eisen-Bor-Magneten

Literatur

1. *Cassing W., Seitz D., Kuntze K.* und *Ross G.*: Dauermagnete, Kontakt und Studium, Band 672, Expert Verlag, Renningen, 2007
2. DIN IEC 60404-8-1:2008-06 Magnetische Werkstoffe – Teil 1: Einteilung
3. DIN EN 60404-8-6:2009-11 Magnetische Werkstoffe – Teil 8-6: Anforderungen an einzelne Werkstoffe – Weichmagnetische metallische Werkstoffe
4. DIN EN 60404-6 Berichtigung 1:2009-05 Magnetische Werkstoffe – Teil 6: Verfahren zur Messung der magnetischen Eigenschaften weichmagnetischer und pulverförmiger Werkstoffe bei Frequenzen im Bereich 20 Hz bis 200 kHz mit Hilfe von Ringproben
5. DIN EN 60404-8-4:2009-08 Magnetische Werkstoffe – Teil 4: Verfahren zur Messung der magnetischen Eigenschaften von weichmagnetischen Werkstoffen im Gleichfeld
6. DIN EN 60404-8-5:2008-05 Magnetische Werkstoffe – Teil 5: Dauermagnetwerkstoffe (hartmagnetische Werkstoffe) – Verfahren zur Messung der magnetischen Eigenschaften
7. DIN IEC 60404-8-1:2005-08 Magnetische Werkstoffe – Teil 8-1: Anforderungen an einzelne Werkstoffe – Hartmagnetische Werkstoffe (Dauermagnete)

3 Thermoplastische Kunststoffe und Elastomere

Die Einarbeitung mineralischer und silikatischer Füllstoffe und selbst die Einarbeitung organischer Füllstoffe in Kunststoffe gehören zum Stand der Technik, wobei am Anfang der Entwicklung die gleichmäßige Verteilung der Füllstoffe in der flüssigen aber hochviskosen Polymerschmelze ein besonderes Problem war. Bei abrasiven Füllstoffen kam noch der Verschleiß der metallischen Förderelemente (Schnecke und Schneckenzylinder bei Extrusions- und Spritzgießmaschinen) als Problem hinzu. Bei den hohen Fließgeschwindigkeiten und Scherbeanspruchungen während der Füllstoffeinarbeitung und Homogenisierung, wie sie in der Kunststofftechnik üblich sind, ergeben sich Orientierungen der Füllstoffe und Polymermoleküle. Diese Orientierungen führen zu einem mehr oder weniger anisotropen Eigenschaftsprofil, was üblicherweise nicht erwünscht ist. Inzwischen gibt es ausreichend Erfahrungen, um eine relativ homogene Verteilung der Füllstoffe zu erreichen. Die Einarbeitung magnetischer Legierungen in geeignete Kunststoffe schaffte ein zusätzliches Problem, denn die Magnetpulver kommen in Kunststoffmaschinen auch mit magnetischen Materialien in Kontakt, was zu ungewollten Wechselwirkungen führt.

Als Füllstoffe in Kunststoffen haben sich u. a. Ruße, Glasfasern, Schwerspat oder Kreide bewährt, die keine Probleme bei den hohen Verarbeitungstemperaturen während der Aufarbeitung der Kunststoffpulvermischungen zu Granulaten (sogenannte Compounds) oder in den folgenden Verarbeitungsprozessen bereiten. Diesen Temperaturen sind auch die Magnetpulver ausgesetzt. Dabei sollten keine Beeinträchtigungen der späteren Magneteigenschaften auftreten. Bei den Füllstoff-Kunststoff-Kombinationen haben die Füllstoffe die Aufgabe, die Eigenschaften der Kunststoffe zu verändern. Häufig wird durch die Einarbeitung der Füllstoffe die Steifigkeit der Kunststoffe erhöht. Dadurch werden für die Kunststoffe neue Anwendungen erschlossen. Trotz der verschiedenen Kunststoffmodifizierungen, und Füllstoffe sind dabei nur eine Möglichkeit, bleibt das Eigenschaftsprofil des Kunststoffes entscheidend für die Anwendung.

Bei den kunststoffgebundenen Magneten haben die Kunststoffe vor allem eine bindende Funktion. Sie sind letztlich ein geeignetes Bindemittel, um aus den pulverförmigen Magnetpartikeln Halbzeuge und endformnahe Bauteile herzustellen. Entscheidend für die weitere Anwendung sind jetzt nicht die Kunststoffeigenschaften, sondern die Magneteigenschaften der extrudierten oder spritzgegossenen Halbzeuge und Formteile.

Die wichtigsten kunststoffgebundenen Dauermagnete (nachfolgend auch als Kunststoffmagnete bezeichnet) bestehen aus pulverförmigen Ferriten und aus Elementen der Seltenerdmetalle. Besonders die NdFeB-Magnete werden auch in kunststoffgebundener Form hergestellt. Als Bindemittel eignen sich Duromere, thermoplastische Kunststoffe und Elastomere. Die Duromere werden im Pressverfahren verarbeitet, die Thermoplaste wie Polyamide (PA), Polybutylenterephthalate (PBT), Polyphenylensulfid (PPS) und die Elastomere im Spritzgießverfahren und mittels Extrusion. Folien und dickere Platten werden gepresst, extrudiert oder kalandriert. Eine Spritzgießverarbeitung ist nur bis zu Volumenanteilen von etwa 70% möglich, da bei größeren Anteilen die Verarbeitungsviskosität zu hoch ist und auch die Scherkräfte so stark ansteigen, das die Friktion zu einer Überhitzung der Bindemittel führen kann oder auch die Grenzen der Antriebsleistung der Spritzgießmaschinen erreicht wird. Deshalb werden Compounds mit hohen Partikelanteilen eher in Knetern aufgearbeitet und durch Pressen in Bauteile oder Halbzeuge umgewandelt.

Mit der Entwicklung der kunststoffgebundenen Magnete ergaben sich gegenüber gesinterten Pulverlegierungen mehrere Vorteile:

- Verarbeitung im Spritzgießverfahren, daher große Flexibilität bei der Gestaltung von Verbindungslösungen.
- Herstellung sehr kleiner und kostengünstiger Magnete in einem Fertigungsschritt (endformnahe Fertigung).
- Kombination mit anderen Kunststoffen im Mehrkomponentenspritzgießverfahren, sodass die Magnetfunktion nur dort auftritt, wo sie technisch notwendig ist.

Ein Nachteil der Kunststoffmagnete kann die geringere Magnetkraft im Vergleich zu den gesinterten oder gegossenen rein metallischen Magneten sein. Allerdings gibt es viele Anwendungen, bei denen die reale Magnetkraft ausreichend ist.

Tabelle 3.1 Typische Magneteigenschaften kunststoffgebundener Magnete

	Typische Eigenschaften für kunststoffgebundene Magnete	Grenzwerte für metallische, leistungsstarke Neodym-Magnete
Remanenz B_r in mT	0,15 bis 0,30	1500
Koerzitivfeldstärke H_{cB} in kA/m	100 bis 200	1000
Koerzitivfeldstärke H_{cJ} in kA/m	150 bis 300	1000
Energieprodukt $(B \cdot H)_{max}$ in kJ/m²	4 bis 15	450

Zum Vergleich sind die Grenzwerte für metallische, leistungsstarke Neodym-Magnete in Tabelle 3.1 in der rechten Spalte angegeben.

3.1 Bindemittel für Haftmagnete

Die wichtigsten Bindemittel sind:

- Weichmacherhaltiges Polyvinylchlorid (PVC-weich bzw. PVC-P),
- gummiartige Elastomere (Naturkautschuk NR, synthetischer Kautschuk, zum Beispiel Nitril-Butadien-Kautschuk NBR),
- Polyurethan (PUR) aus der Gruppe der thermoplastischen Elastomere (TPE),
- Ethylen-Propylen-Dien-Mischpolymere (EPDM).

Diese Bindemittel werden bevorzugt für Halbzeuge und Bauteile, die flexibel und elastisch sein müssen (Folien, Türdichtungen u. ä.), eingesetzt.

Weitere Bindemittel sind [1]:

- Polyamid (PA 6 und PA66) für steife, formstabile Bauteile, aber nicht für korrosionsempfindliche Magnetwerkstoffe wie NdFeB-Magnete,
- Polyamid PA 11 für formstabile Bauteile mit höherer Flexibilität oder für dünne flexible Folien mit hoher Eigenfestigkeit,
- Polyamid PA12 mit seiner hohen Zähigkeit trotz geringer Wasseraufnahme, geeignet für NdFeB-Magnete,
- PA9T, für Bauteile mit hoher thermischer Belastung,
- Polyphenylensulfid PPS bei thermisch höheren Ansprüchen,
- Polypropylen, zum Beispiel mit Magnetit bzw. Eisenoxid als Füllstoff [2] [5].

Für das schuppenförmige Strontiumferrit in einer Matrix aus PA 6 mit Volumenanteilen von 54 bis 62 % konnte gezeigt werden, dass die Remanenz bei 62 Vol.-% etwa 250 mT beträgt. Gleichzeitig sinkt die Bruchdehnung von über 20 % auf etwa 1 % und steigt die Bruchfestigkeit von 50 auf etwa 90 MPa [3], das heißt, gerade die Zähigkeit, die für Polyamide nach einer geringen Wasseraufnahme so vorteilhaft ist, geht durch den magnetischen Füllstoff verloren.

Umfangreiche Untersuchungen zum Spritzgießen von PA66, PA12, PA46 und insbesondere von PA 6 mit 55 Vol.-% Strontiumferrit haben gezeigt, dass die Streckgrenze von PA 6 auf 0,5 bis 1 % sinkt [5]. Die magnetischen Bauteile sind durch die Magnetpartikel relativ spröde, was bei der Auslegung von lösbaren Verbindungen berücksichtigt werden muss. Die kunststoffgebundenen Bauteile sind aus Sicht der Kunststoffe zwar relativ spröde geworden, aber im Vergleich zu den rein metallischen Magneten noch ausreichend flexibel. Fällt ein metallischer Magnet auf einen harten Untergrund, besteht immer die Gefahr, dass der Magnet zerspringt oder Teilstücke abplatzen. Diese Gefahr ist bei kunststoffgebundenen Magneten wesentlich geringer.

Neben den mechanischen Eigenschaften wurden auch die prozessbezogenen Einflüsse auf den Magnetisierungszustand untersucht, sodass für magnetische PA6-Bauteile inzwischen eine Prozessoptimierung möglich ist [5].

Das Beispiel in [5] zeigt, wie stark die mechanischen Eigenschaften der Compounds aus magnetischen Partikeln und einem Bindemittel vom Volumenverhältnis der beiden Komponenten bestimmt werden. Außerdem muss berücksichtigt werden, dass der Anteil an Magnetpulvern begrenzt ist, da sich ab einem Volumenanteil von über 55 % die Produkteigenschaften so stark negativ ändern, dass eine industrielle Anwendung nicht mehr möglich ist. Letztlich muss zwischen den Magnetpulvern immer noch so viel Bindemittel vorhanden sein, um die einzelnen Partikel oder Partikelhaufen (Partikelagglomerate) im Wortsinne „zu verbinden". Andernfalls würde eine Mischung mit zu hohem Pulveranteil kein Spritzgussteil ergeben oder extrudierte Platten würden „zerfallen".

Eine Untersuchung von handelsüblichen Magnetfolien und Magnetplatten aus Ba-Sr-Ferriten und weichmacherhaltigem Polyvinylchlorid ergibt Spannungs-Dehnungs-Kurven mit einer Streckspannung von etwa 5 bis 6 MPa bei einer Bruchdehnung zwischen 3 und 10 %. Die Eigenfestigkeit von weichmacherhaltigem PVC ohne Füllstoffanteil liegt je nach Weichmachertyp und Weichmacheranteil auch zwischen 5 und 6 MPa, allerdings bei höherer Dehnung [4]. Für Folien und Platten mit Dicken zwischen 0,4 und 2 mm ergeben sich die Messwerte nach Tabelle 3.2. Wie auch bei füllstofffreien Kunststoffen unterscheiden sich die Festigkeitswerte in Fertigungsrichtung (mit längs bezeichnet) und quer dazu (mit quer bezeichnet) deutlich.

Tabelle 3.2 Streckspannung und Bruchdehnung von PVC-weich als Bindemittel für Ba-Sr-Ferritpulver

Materialdicke in mm	Streckspannung in MPa, längs	Bruchdehnung in %, längs	Streckspannung in MPa, quer	Bruchdehnung in %, quer
0,4	5,04 ± 0,19	69,9 ± 4,05	3,55 ± 0,30	17,8 ± 0,95
0,75	5,83 ± 0,26	85,1 ± 2,72	4,67 ± 0,65	14,6 ± 1,08
1,0	5,52 ± 0,37	38,2 ± 3,17	4,35 ± 0,48	34,7 ± 3,13
2,0	4,02 ± 0,87	43,6 ± 5,02	3,67 ± 0,22	30,8 ± 2,36

Auch eine Warmlagerung bei 100 °C führt zu Veränderungen in der Struktur der Compounds. Das äußert sich nicht in den absoluten Werten für die Streckspannung und Bruchdehnung, sondern erst im Kurvenverlauf werden die strukturellen Änderungen sichtbar. So beträgt die Streckspannung für ein 1,55 mm dickes

Magnetband 4,22 MPa und nach einer Warmlagerung (8 h bei 100 °C tempern) 4,55 MPa, aber die Dehnung bis zum Bruch wird geringer.

■ 3.2 Schutzschichten

Die metallischen und die kunststoffgebundenen Magnete können in ihrer Rohform nicht angewendet werden, sondern erfordern metallische Überzüge oder Schutzschichten, die vor allem auf die Kunststoff-Magnetfolien nach der Formgebung aufkaschiert werden.

Alle metallischen Magnete neigen im Kontakt mit Feuchtigkeit zur Korrosion, zumal die einzelnen Metalle in Pulverform oder im gesinterten Zustand in einem Energiezustand vorliegen, der für eine Korrosion günstig ist. Das gilt auch für die Kombination aus Neodym, Eisen und Bor. Sobald Magnete mit Wasser, Luftfeuchtigkeit oder wässrigen Medien in Berührung kommen, führt die Potenzialdifferenz der einzelnen Metalle untereinander zu Elektronenwanderungen und damit zum Abbau der Metalle.

Kunststoffgebundene Magnete und Magnetfolien erhalten aus anderen Gründen Schutzschichten. Um eine möglichst hohe Magnetkraft zu erreichen, gibt es das Bestreben, den Anteil an Magnetpulver so weit wie möglich zu vergrößern. Ein Ziel ist dabei, den Magnetpulveranteil so zu erhöhen, dass über der Perkolationsschwelle mit den Magnetfolien gearbeitet werden kann. Die Perkolationsschwelle zeigt in einem Diagramm an, wann sich zum Beispiel die Haltekraft schon bei kleinen Änderungen der Partikelanteile sehr deutlich ändert. Oberhalb der Perkolationsschwelle ändert sich die Haltekraft mit steigendem Volumenanteil an Magnetpulvern nur geringfügig bis zu einem Grenzwert. Die Grenze für den Pulveranteil in Kunststoffmagneten setzen dabei immer die Materialeigenschaften der Kunststoffmagnete. Vor allem verringern sich die Bruchdehnungen. Im Extremfall ist die Dehnung so gering, dass fast kein mechanischer Zusammenhalt mehr besteht. Solche Magnetfolien sind schon im nachgeschalteten Fertigungsprozess kaum zu handhaben oder zerfallen schon bei geringen Dehnungen. Um ein solches „Zerbröseln" der Magnetfolien zu vermeiden, werden Schutzschichten eingesetzt, die zwei Aufgaben haben:

- Verbesserung der mechanischen Festigkeit.
- Verbesserung der optischen Anforderungen.

Magnetpulver ergeben in der Rohform dunkelbraune bis schwarz glänzende Folien. Die Schutzschichten werden immer auf der unmagnetisierten Seite aufgebracht. Die magnetisierte Seite ist meistens besonders glatt mit geringerer Oberflächenenergie als die unmagnetische Rückseite. Das unterschiedliche Verhalten, das sich daraus für Klebungen ergibt, wird im Kapitel 6 genauer behandelt.

Literatur

1. *Cassing W., Seitz D., Kuntze K.* und *Ross G.*: Dauermagnete, Kontakt und Studium, Band 672, Expert Verlag, Renningen, 2007
2. *Duifhuis P., Weidenfeller B.* und *Ziegmann G.*: Funktionelle Compounds in Kunststoffe 91 (2001) 11, S. 102–104, Carl Hanser Verlag, München
3. *Kuhmann K., Drummer D.* und *Ehrenstein G. W.*: Durch Verbundspritzgießen die Funktionalität erhöhen in Kunststoffe 89 (1999) 9, S. 112–116, Carl Hanser Verlag, München
4. *Stadler M.* und *Koos W.*: Spritzgegossene Dauermagnete in 2K-Technik in Kunststoffe 93 (2003) 7, S. 54–56, Carl Hanser Verlag, München
5. *Anhalt M.* und *Weidenfeller B.*: Kleintransformatoren Spritzgießen? in Kunststoffe 97 (2007) 2, S. 44–47, Carl Hanser Verlag, München

4 Herstellung und Verarbeitung

Die metallischen Magnete, aber vor allem die kunststoffgebundenen Dauermagnete sind keine exotischen Sonderprodukte mehr, sondern ermöglichen in der Medizintechnik und Telekommunikation Innovationen, die erst mit Magneten aus polymeren Bindemitteln mit magnetischen Partikel möglich wurden [1]. Mit zunehmender Erfahrung wurden die Magnete auch für mehrfach lösbare Verbindungen interessant.

Die Dauermagnete und ferromagnetischen Metalle bzw. Legierungen können aus Sicht der Fertigung für Haftmagnete und mehrfach lösbare Verbindungen in folgender Weise gegliedert werden:

oxidkeramische Hartferrite, BaFe-SrFe-Mischungen	werden gesintert
metallische Magnete NdFeB	werden gepresst, gegossen und gesintert
kunststoffgebundene Magnete mit Hartferriten und Neodym-Magneten	Spritzgießverarbeitung, Extrusion, Pressen von Platten
elastomergebundene Magnete	Extrusionsverfahren, Kalandrierung von Folien

Nicht immer ist eine klare Trennung zwischen den Magnettypen und den Herstellungsverfahren möglich. Bei einigen Legierungen (AlNiCo, SmCo) ist die Herstellung kunststoffgebundener Magnete nicht sinnvoll, da die besonderen Eigenschaften in Kombination mit einem Kunststoff nicht ausgeschöpft werden können. Das betrifft vor allem die thermische Belastung, die bei den meisten Kunststoffen im Dauerzustand nicht über 100 °C liegt.

4.1 Kennzeichnung

Die unterschiedlichen Magnettypen, Magnetformen, Magnetisierungsgrade, Schutzbeschichtungen oder Arten der Herstellung erfordern eine einheitliche Kennzeichnung In der DIN IEC 60404-8-1 und in der ehemaligen DIN 17410 sind die wichtigsten Produktkennzeichnungen bzw. Kennzahlen aufgeführt.

Leider gibt es vorrangig aus historischen Gründen immer noch keine einheitliche internationale Kennzeichnung. So liegt die unterschiedliche Kennzeichnung u.a. auch daran, dass China als der größte Lieferant der Magnetmetalle bzw. Magnetlegierungen eine eigene Kennzeichnung vorgenommen hat und sowohl Europa als auch die USA eigene Kennzeichnungen eingeführt haben.

Die Kennzeichnung erfolgt über Buchstaben-Zahlen-Kombinationen und Code-Bezeichnungen, denen bestimmte Gruppen zugeordnet sind. Die Neodym-Magnete haben den Code R5-1-1 bis R5-1-16 erhalten. R5 steht für die gesamte Gruppe und die weiteren Zahlen für einzelne Typen. Die kunststoffgebundenen Neodym-Magnete haben den Code U3 erhalten, die Typen reichen von U3-0-20 bis U3-0-32. Für die kunststoffgebundenen Hartferrite gilt der Code U4, für die metallischen Hartferrite der Code S1.

Für die Buchstaben-Zahlen-Kombinationen wurde festgelegt, dass die 1. Zahl dem Energieprodukt $(B \cdot H)_{max}$ in mJ/m^3 entspricht und die zweite Zahl dem zehnten Teil der Koerzitivfeldstärke H_c. So hat sich als Beispiel für Neodym-Magnete folgende Kennzeichnung in Europa durchgesetzt:

Neodym-Eisen-Bor-Legierungen erhalten die Buchstaben N, M, H, SH, UH und EH. Mit dem Buchstaben N ist sofort zu erkennen, dass es sich um einen Neodym-Magneten handelt. Die weiteren Buchstaben beschreiben die thermische Stabilität bzw. Belastbarkeit. Die 1. Zahl charakterisiert die Höhe der sehr wichtigen Magnetstärke, ausgedrückt als Energieprodukt oder Energiedichte. Die Zahlen reichen für Neodym-Magnete von etwa 80 bis 300 ohne dass die Dimension mJ/m^3 angegeben wird. Die Angabe N 80 besagt also, dass es sich um einen Neodym-Magneten mit einem Energieprodukt von 80 mJ/m^3 handelt. Eine weitere Zuordnung der Magnete ist möglich, indem auch die minimale Koerzitivfeldstärke H_c in kA/m angegeben wird, die Kennzeichnung könnte dann N 80/88 lauten. Ein solcher Magnet besitzt eine Koerzitivfeldstärke von 880 kA/m, ohne dass die Dimension angegeben wird. Wenn bei einem Neodym-Magneten N 80/88 noch weitere Buchstaben folgen, so kann daraus abgeleitet werden, wie hoch die Einsatztemperaturen sind. Standardmäßig beträgt die Anwendungstemperatur für Neodym-Magnete 80 °C. Durch Legierungszusätze konnte die Anwendungstemperatur gesteigert werden. Es gibt folgende Festlegungen:

- NxxH: 120 °C,
- NxxSH: 150 °C,
- NxxUH: 180 °C,
- NxxEH: 200 °C.

Mit dem Buchstaben M wird angegeben, dass die Legierungen gegenüber externen Magnetkräften widerstandsfähiger sind, also fast keine Entmagnetisierung zulassen, solange nicht bewusst mit sehr hohen Magnetkräften bzw. Magnetfeldern eine Entmagnetisierung stattfinden soll. Für die kunststoffgebundenen Magnete wird den Bezeichnungen nach DIN IEC 60404-8-1 und der älteren DIN 17410 ein p für plastics angefügt, sodass mit der Bezeichnung N 55/100 p ein kunststoffgebundener Neodym-Magnet mit einem Energieprodukt von 55 mJ/m^3 und einer Koerzitivstärke von 1000 mA/m charakterisiert wird.

Die Unterschiede der Neodym-Magnete werden sichtbar, wenn die Standardtypen mit den technischen Daten dargestellt werden, Tabelle 4.1 [12].

Tabelle 4.1 Eigenschaften von Standard-Neodym-Magneten

Eigenschaft	N33	N38	N40	N42	N48
Remanenz in mT	1170–1220	1220–1250	1250–1280	1280–1320	1320–1380
Energieprodukt in kJ/m^3	263–287	287–310	302–326	318–342	342–366
Koerzitivfeldstärke H_{cB} in kA/m	868	899	907	915	923

Die notwendige Vielfalt der Neodym-Magnete ist zu erkennen, wenn die Eigenschaften bei gleicher Remanenz B_r, gleicher Koerzitivfeldstärke H_{cB} und gleichem Energieprodukt $(H \cdot B)_{max}$ zusammen dargestellt werden. So gilt beispielhaft für eine Remanenz von 1,14 bis 1,20 T eine Koerzitivfeldstärke von 844 bis 900 kA/m und ein Energieprodukt von 247 bis 263 kJ/m^3, so wie in Tabelle 4.2 dargestellt.

Tabelle 4.2 Vergleich typischer Magneteigenschaften für Neodym-Magnete [12]

Magnet	Koerzitivfeldstärke H_{cJ} in kA/m	Temperaturbeiwert für B_r in %/K	Temperaturbeiwert für H_{cB} in %/K
N33	≥ 955	–0,12	–0,50
N33M	≥ 1114	–0,12	–0,50
N33H	≥ 1353	–0,11	–0,58
N33SH	≥ 1592	–0,11	–0,55
N33UH[1]	≥ 1990	–0,11	–0,51
N33EH[1]	≥ 1387	–0,11	–0,50

[1] Remanenz 1,04 bis 1,08 T; Koerzitivfeldstärke H_{cB} von 820 bis 876 kA/m

Chinesische Neodym-Eisen-Bor-Legierungen werden mit Y und den Zahlen 10 bis 35 gekennzeichnet, der amerikanische Standard hat den Legierungen den Buchstaben C gegeben.

Durch die Kennzeichnung und Codierung ist ein schneller Überblick über die Magnettypen möglich und gleichzeitig ist bekannt, welche Leistungsparameter dem Anwender zugesichert werden.

4.2 Sintertechnik und Gießen

Das Sintern ist ein Verfahren, um Werkstoffe gemeinsam zu verarbeiten, die man mit anderen Urformverfahren nicht verarbeiten kann. Das gilt zum Beispiel für Mischungen von Metallen und Metalloxiden wie sie in der Magnettechnik benötigt werden.

Die nicht kunststoffgebundenen Haftmagnete werden nach zwei Verfahren hergestellt:

- durch Sintern mittels Pulvertechnologie,
- durch Gießen der flüssigen Magnetkomponenten in Feingussformen.

Für die Qualität der Magnete und die konstanten Eigenschaften müssen die Pulver für die Sintertechnik definierte Eigenschaften besitzen. Wichtig sind die Korngrößenverteilung und der Mittelwert aller Korngrößen, die beide mit einer Siebanalyse bestimmt werden können, und die Oberfläche pro Gramm der Pulverteilchen. Mängel bei den Pulvern wirken sich direkt auf die Endqualität aus und können nicht durch die folgenden Prozessschritte kompensiert werden. Die Aufbereitung der Einzelkomponenten zu einer gemeinsamen Legierung kann in einem rein trockenen Prozess und in einem Flüssigphasenprozess stattfinden. Im ersten Fall werden die Komponenten gemischt und nur soweit erhitzt, dass in keinem Fall eine flüssige Phase entsteht. Im zweiten Fall kann mindestens eine Komponente bis über den Schmelzpunkt erhitzt werden, sodass die anderen Komponenten sich in dieser Flüssigkeit bewegen können.

In der Vorstufe des Sinterprozesses werden die Anteile der pulverförmigen Ausgangsprodukte, zum Beispiel Eisenoxid und Strontiumcarbonat, genau gewogen, dann gemischt und das erste Mal gesintert. Sintern bedeutet, dass die Pulvermischungen bis kurz unterhalb der Schmelztemperaturen erwärmt werden. Gleichzeitig werden sie bei hohem Druck zusammengepresst, sodass sich die Pulverteilchen homogen zu einem formstabilen Halbzeug oder Bauteil verbinden. Durch den hohen Druck von mehr als 100 N/mm^2 soll die Luft zwischen den Teilchen entfernt werden, das heißt, die Packungsdichte erhöht sich und die Porosität verringert sich. Die Dichte ist eine einfache Größe, um Aussagen über den Sinterzustand bzw. die restliche Porosität zu erhalten. Nach diesem ersten Sintern ergeben sich kleine Körner mit einer definierten Struktur der gesinterten Bestandteile, die wieder gemahlen werden. Nach dem Mahlvorgang entsteht das sogenannte Vormaterial, bei dem wieder die für Pulver wichtigen Parameter einzuhalten sind. Ein wichtiger Parameter ist die Sintertemperatur, die für metallische Magnetpulver bei 1250 °C liegt. Der weitere Prozess wird dadurch bestimmt, ob isotrope oder anisotrope Magnete produziert werden sollen.

Isotrope Magnete entstehen, wenn das pulverförmige Vormaterial wieder gepresst und noch einmal gesintert wird. Der Vorteil ist nun, dass noch eine Endbearbeitung möglich ist, ehe die abschließende Magnetisierung erfolgt. Die Sinterprozesse für das Vormaterial und die endformnahe Fertigung unterscheiden sich stark. Anisotrope Ferrit-Magnete entstehen nur unter der Voraussetzung, dass die Magnetpulver schon anisotrop sind, das heißt, der Pulverhersteller legt durch seinen Prozessablauf fest, ob anisotrope oder isotrope Magnete aus seinen Produkten entstehen.

Die Anforderungen an Pulver für den Sinterprozess sind in der DIN EN 10331 geregelt [2].

4.3 Kunststoffgebundene Dauermagnete

Um Haftmagnetwände oder Haftmagnettafeln herstellen zu können, werden als Ausgangsmaterial kunststoffgebundene Magnetfolien benötigt. Die kunststoffgebundenen Dauermagnete werden kurz auch als PBM (engl.: polymer-bonded magnets) bezeichnet. Aus den Magnetfolien, Bild 4.1, die bei Dicken bis 1,5 bis 2 mm auch aufgewickelt geliefert werden, entstehen überwiegend gestanzte oder geschnittene Zwischenprodukte, die dann Teil der Endprodukte werden.

Bild 4.1 Halbzeuge für Magnetverbindungen

Magnetische Bänder können als Endlosbänder geliefert und dann von der Rolle verarbeitet werden. Bei einer Beschichtung mit Haftklebstoffen werden solche Endlosbänder direkt auf verschiedene nicht magnetische Substrate aufgeklebt. Zum Schutz und Transport der Bänder befinden sich auf den Klebstoffschichten Liner, die häufig aus Polyethylenfolien mit antiadhäsivem Verhalten bestehen. Auf den Endlosbändern können dann wieder Schilder oder gestanzte Teile aller Art platziert werden, die leicht austauschbar sind. Für die Herstellung von mehrfach lösbaren Verbindungen eignen sich vor allem Barium-Strontiumferrite, die mit den Bindemitteln zu Halbzeugen aufgearbeitet werden. Die Stanzformen entstehen häufig nach den Wünschen des Anwenders und sind dann Unikate. Die Herausforderungen für die Stanzmesser sind die Ansprüche an die Präzision, die Maßstabilität, aber auch an die Verschleißstabilität.

Das Bild 4.1 zeigt auch, dass die Magnetfolien trotz des hohen Partikelanteils flexibel sind und auf runden Gegenständen befestigt werden können.

Die Hersteller der Halbzeuge sind mit Maschinen und Werkzeugen zur Nachbearbeitung ausgestattet, sodass auch verarbeitungsgerechte Produkte lieferbar sind. Sie verfügen auch über Kenntnisse, welche Compounds und deren Qualitäten auf dem Markt angeboten werden und können daher den Anwender der kunststoffgebundenen Magnethalbzeuge bei der Produktentwicklung unterstützen. Für kunststoffgebundene Magnete werden vor allem die Hartferrite und die Neodym-Eisen-Bor-Legierungen verwendet. Die Neodym-Eisen-Bor-Legierungen in kunststoffgebundenen Magneten werden zwar ausschließlich zu isotropen Magneten aufgearbeitet, aber aufgrund der besonders hohen Energiedichte und Magnetkraft können auch kleine Magnete in großer Menge und im Vergleich mit anderen Magnetvarianten kostengünstig produziert werden. In vielen Anwendungen ist der isotrope Charakter solcher Magnete auch von Vorteil, da es keine bevorzugte Einbaulage für isotrope Magnete gibt.

4.3.1 Kalandrieren

Neben dem Blasformen von Kunststofffolien und der Extrusion von Kunststoffen mit Breitschlitzdüsen ist das Kalandrieren eine relativ alte Technik, um dickere Folien als etwa 0,2 mm in einem kontinuierlichen Prozess herzustellen. Vor allem waren es anfangs Gummifolien und Gummibahnen, die kalandriert wurden. Später konnten aus vielen Kunststoffen, die dann häufig größere Anteile an Zusätzen enthielten, Folien und Bahnen gefertigt werden. Besonders füllstoffreiche Mischungen wie sie auch bei den Magnetfolien vorliegen, eignen sich zum Kalandrieren. Gerade mit dem Kalandrieren ist es möglich, aufwickelbare Folien, Bahnen mit Dicken über 2 mm oder noch dickere formsteife Platten als Halbzeuge herzustellen, die nachfolgend zusammengefasst als Magnetfolien bezeichnet werden.

Das Kalandrieren ist ein „offenes“ Fertigungsverfahren, das heißt, die Bildung der Folien und Bahnen kann in den wichtigen Prozessschritten mit bloßem Auge beobachtet und gegebenenfalls kontrolliert werden.

Kalander bestehen aus heißen und kalten Walzensystemen, die die Kunststoffmaterialien bis zur endgültigen Formbildung durchlaufen, sodass am Kalanderende Folien, Bahnen und sogar relativ dicke Platten entstehen, die spezielle Eigenschaften besitzen. Dazu zählen zum Beispiel die Glätte, die Dickengenauigkeit oder der Glanz. Bei Bedarf können die Folien auch in einem Prozess mit besonderen Deckschichten kaschiert werden.

Kalander bestehen aus mehreren Walzen, die je nach Aufgabenstellung Anordnungen ergeben, die in etwa Großbuchstaben entsprechen und daher zum Beispiel als I-, L- oder Z-Kalander bezeichnet werden.

Die Hauptaufgabe der Walzen der Kalander ist die Folienformung. Diese Formung setzt voraus, dass die Walzenspalte mit plastifiziertem oder thermoplastischem Material beschickt werden. Dazu eignen sich gesonderte Walzwerke vor den Kalandern, die teilweise die Aufgabe übernehmen, homogene Folienmischungen herzustellen oder die Ausgangsprodukte zu fließfähigen Massen aufzuarbeiten. Soweit es möglich ist, werden den Kalandern meistens Extruder vorgeschaltet, die schonend in der Lage sind, alle Rezepturbestandteile zu homogenisieren und die Kalander laufend gut zu „füttern“. Für das Arbeiten mit Extrudern stellt die Industrie verschiedene Mischungen (Compounds) in Granulatform bereit, sodass der Aufwand für die Homogenisierung zum größten Teil beim Compoundeur vorweg genommen wurde.

Im Auslaufteil einer Kalanderanlage gibt es meistens noch Glätt- oder Strukturwalzen, um bei Bedarf Dekore zu prägen oder eine glatte Oberfläche zu erreichen. Am Ende müssen die Folien soweit abgekühlt werden, dass sie aufgewickelt oder auch zu Platten zugeschnitten werden können.

Wenn aus Bindemitteln, metallischen Magnetpulvern und weiteren Zusätzen, die für den Kalandrierprozess oder für die Verarbeitung und Anwendung notwendig sind, Folien entstehen sollen, müssen die Folien oder Bahnen beim Walzendurchlauf ausreichend flexibel sein. Sobald die meist dickeren Bahnen am Ende der Kalanderanlage nach der Abkühlung nicht mehr aufgewickelt werden können, werden abgelängte Platten hergestellt. Die Volumenanteile der Magnetpartikel bei der Bahnenherstellung liegen bei 50 bis 60 %. Bei höheren Werten nimmt die Flexibilität deutlich ab und die Verarbeitung wird immer schwieriger. Eine Grenze der Partikelmenge bei der Herstellung von Folien und Bahnen wird auch durch die spätere Nutzung gesetzt, denn bei sehr hohen Partikelanteilen werden die Folien spröde und knickempfindlich. Hinzu kommt, dass selbst bei kurzzeitigen Erwärmungen die Flexibilität bei hohen Partikelanteilen deutlich sinkt.

Gerade die Flexibilität ist ein besonderes Problem bei der Herstellung der Magnetfolien, da einerseits ein hoher Anteil an Magnetpartikeln wünschenswert ist, andererseits die Flexibilität deutlich abnimmt. Bei geringen Füllstoffmengen verändert sich die Dehnung nur wenig, die Folien können also gut aufgewickelt werden.

Zugleich steigt bei fast allen Kunststoffen die mechanische Festigkeit an. Gerade dieser Effekt ist ein wichtiger Grund, Füllstoffe in Kunststoffe einzuarbeiten. Ab einer charakteristischen Menge, die als Perkolationsschwelle bezeichnet wird, verringern sich Dehnung und Festigkeit überproportional stark. Die Partikelzugabe, von der die Magnetkraft abhängt, wird bei der Kunststoffverarbeitung hauptsächlich von den mechanischen Kenngrößen bestimmt. So sehr ein hoher Anteil an Magnetpulver für die Magneteigenschaften günstig ist, so sehr muss beachtet werden, dass sich die Eigenfestigkeit einer Magnetfolie auch mit der Temperatur ändert. Bei 100 °C reichen schon geringe Biegekräfte, um eine 2 mm dicke Magnetfolie zu brechen. Der Füllstoffanteil und die maximale Einsatztemperatur sind also entscheidend für die technisch machbaren magnetischen Eigenschaften.

Nach dem Kalanderverfahren lassen sich Folien bis 2 mm Dicke der Barium-Strontium-Hartferrite herstellen. Solche Folien werden in vielen flächenartigen Anwendungen verarbeitet, zumal die Folien selbst auf dünnen Stahlblechen gut haften.

4.3.2 Spritzgießen und Extrusion

Das Spritzgießen von Kunststoffen gehört zum Stand der Technik und hat einen hohen Automatisierungsgrad erreicht. Über die Verarbeitung von homogenen oder füllstoffhaltigen Kunststoffen existieren umfangreiche Erfahrungen. Dabei sind die Werkzeugkosten immer noch eine wichtige Position bei der Ermittlung der Prozesskosten. Unabhängig davon bietet das Spritzgießen thermoplastischer Kunststoffe folgende Vorteile:

- Hohe Gestaltungsfreiheit bei der Bauteilgeometrie,
- große Auswahl an Kunststoffen,
- Verringerung der Produktkosten mit steigender Losgröße,
- große Farbstoff- und Pigmentauswahl,
- Einarbeitung von Füllstoffen möglich.

Bei kunststoffgebundenen Magneten kommt hinzu, dass die Magnete ihre Sprödigkeit und Korrosionsanfälligkeit verlieren und dass die Farbenvielfalt, die für Kunststoffe gilt, in bestimmten Grenzen für Magnete genutzt werden kann.

In neuerer Zeit gehören Spritzgießmaschinen, die pulverförmige Metalle, Metalloxide und jetzt auch Magnetwerkstoffe verarbeiten können, zum Programm der Maschinenhersteller. Dabei gelten die Vorteile füllstoffhaltiger Spritzgießbauteile auch für das Spitzgießen von kunststoffgebundene Dauermagnete, wobei die Formenvielfalt bei sehr kleinen Bauteilen im Vergleich zu gesinterten Dauermagneten besonders wichtig ist. Gerade mittels Spritzgießen können so kostengünstig Dauermagnete hergestellt werden. Es lassen sich isotrope und anisotrope Spritzgussteile herstellen, die im Werkzeug und außerhalb magnetisiert werden [3]. Das

Grundprinzip des Sinterns von Metallpulvern und Pulvern aus Oxidkeramiken gilt auch für gesinterte Magnetpulver [10]. Zuerst werden in einem Extruder die Pulver mit einem Bindemittel, das sind vor allem niedrig schmelzende Polyolefine, homogen zu einem Compound gemischt und zu einem Granulat aufgearbeitet. In einer Spritzgießmaschine entstehen daraus sogenannte Grünlinge. Dann wird in einem thermischen Prozess der Binder beseitigt. Der Binder muss bei diesem Vorgang möglichst vollständig ohne Kohlenstoffrückstände gasförmig werden, sodass die Zersetzungsprodukte der Bindemittel leicht abgesaugt werden können. Es entsteht ein „Bräunling", der in einem Sinterprozess seine endgültige Form erhält. Dieser Prozess ist relativ aufwendig und es gibt mehrere Faktoren, die die Eigenschaften des gesinterten Bauteils beeinflussen. Dazu zählen vor allem die Homogenisierung, die Spritzgießparameter, das Entbindern und Sintern und die Nachmagnetisierung. Diese Technologie ermöglicht es, Spritzgießteile ohne Kunststoffanteil herzustellen, die dann auch höhere Magnetkräfte besitzen.

Viel wichtiger für die Magnetvielfalt ist die direkte Spritzgießverarbeitung von magnetpulvergefüllten Kunststoffen. Zur Spritzgießverarbeitung von Magnetmaterialien werden auch hier Compounds eingesetzt, die in Extrusionsmaschinen entstehen. Aufgrund der Herausforderungen (hoher Feststoffanteil, geringer Bindemittelanteil, hohe Viskosität und Wärmeleitfähigkeit, große Scherkräfte) eignen sich besonders Doppelschneckenextruder, um homogene Mischungen aus den Bindemitteln und Magnetpartikeln zu produzieren. Die Homogenisierung aller Rezepturbestandteile erfolgt vor allem im Extruder und weniger in den Spritzgießmaschinen, das heißt, vor einer Spritzgießverarbeitung ist immer eine Extruderaufarbeitung vorgeschaltet. Das kann extern bei einem Compoundeur erfolgen oder intern kurz vor der Spritzgießverarbeitung.

Allerdings müssen einige Besonderheiten bei der Einarbeitung der Magnetpulver und deren Verteilung in der schmelzflüssigen und festen Phase beachtet werden. Da sich Magnete und deren magnetische Felder ergeben, wenn Teilchen mit magnetischen Momenten in Vorzugsrichtungen ausgerichtet sind, also orientiert sind, ergeben sich auch Einflüsse durch die Orientierung bei der Extrusion und auf das Spritzgießen und damit auf die Anwendung der Halbzeuge und Bauteile. Da sich beim Spritzgießen sowohl die Polymere als auch die Füllstoffe wie die Magnet-Pulver orientieren, kann dieser Effekt bei anisotropen Magneten gezielt genutzt werden [3].

Der Spritzgießprozess besteht aus den Teilschritten:

- Granulat- oder Pulverdosierung, Einarbeitung von Additiven,
- Aufschmelzen der Kunststoffe,
- Homogenisieren der Schmelze,
- Druckaufbau vor der Einspritzdüse,
- Einspritzen und Verteilung der Schmelze in den Kavitäten,

- Abkühlung der Schmelze und Erstarren der Polymermatrix mit den orientierten Magnetpulvern,
- Ausstoßen der Bauteile und vollständige Abkühlung, bei Bedarf Entfernung des Angusses.

Die Voraussetzungen für das Spritzgießen und die Nutzung der Formenvielfalt sind Werkzeuge, die gesondert hergestellt werden müssen. Die Kosten solcher Werkzeuge sind hoch und die magnetischen Kräfte der spritzgegossenen Bauteile kleiner als Bauteile, die ausschließlich aus den magnetisierbaren Pulvermischen bestehen. Für das Spritzgießen spricht eine endformnahe Fertigung ohne aufwendige Nacharbeiten und eine kostengünstige Fertigung bei großen Produktmengen. Die maximale Verarbeitungstemperatur wird ausschließlich von der Schmelztemperatur des Kunststoffs, der Verarbeitungstemperatur in der Aufschmelzeinheit und von der Einspritztemperatur in die Werkzeugkavitäten bestimmt. Da die Verarbeitungstemperaturen sehr viel niedriger liegen als die Schmelztemperaturen der Metallpulver, können auch verschiedene Pulvertypen verarbeitet werden, zum Beispiel Kombinationen aus Hartferriten und Seltenerdmetalle.

Von besonderer Bedeutung für das Spritzgießen sind folgende Erfahrungen:

> Sobald die Kunststoffe im Schneckenteil einer Spritzgießeinheit aufgeschmolzen sind, werden die Magnetpulver möglichst homogen verteilt. Dazu werden hohe Scherkräfte aufgewendet, die sich auch auf den Orientierungszustand in der Schmelze auswirken. Beim Einspritzen der Schmelze in die Hohlräume von Spritzgießwerkzeugen (Kavitäten) und bei der Verteilung der Masse im Werkzeug selbst kommt es zur Ausrichtung der Polymermoleküle, aber auch der magnetisierbaren Füllstoffe. Da es Kunststoffe gibt, deren Schmelze-Viskosität sich relativ stetig mit der Temperatur ändert, zum Beispiel bei den Polyolefinen, kann die Verarbeitungsviskosität und die Verteilung der Füllstoffe gut gesteuert werden. Der Prozess ist dann nicht besonders „temperaturempfindlich". Im Gegensatz dazu gibt es Kunststoffe, die bei hohen Temperaturen sehr schnell in den flüssigen Zustand übergehen, zum Beispiel die Polyamide, und dann bei den hohen Temperaturen sehr niedrigviskose Schmelzen ergeben. So beträgt zum Beispiel die Schmelzetemperatur von PA 6, gefüllt mit Strontiumferrit, 280 °C und die Werkzeugtemperatur noch 80 °C [3]. Auch kleinere Temperaturschwankungen oberhalb der Schmelztemperatur wirken sich deutlich auf die Viskositätsschwankungen aus. Da die Magnetpulver wie inerte Feststoffpartikel in der dünnflüssigen Schmelze „schwimmen", besteht immer die Gefahr der lokalen Entmischung und damit die Gefahr der inhomogenen Verteilung, die letztlich in der Kavität eingefroren wird. Das hat dann ganz praktische Auswirkungen auf die Magnetisierung und das Magnetverhalten.

Das Spritzgießen bietet den Vorteil, dass die Magnetisierung sowohl im Werkzeug erfolgen kann als auch nachträglich, wenn das Bauteil schon gefertigt wurde. Zur

Magnetisierung in der Kavität eines Spritzgießwerkzeuges ist es notwendig, in das Werkzeug Magnete zu integrieren, die die magnetisierbaren Feststoffpartikel ausrichten, sodass ein orientierter, anisotroper Zustand entsteht, der dem Spritzgießbauteil dauermagnetische Eigenschaften verschafft. Die Ausrichtung der Feststoffpartikel ist nur in der schmelzflüssigen Phase möglich und erfolgt kurz nach dem Einspritzvorgang bei möglichst niedriger Viskosität. Für die Ausrichtung bzw. Orientierung der Magnetpartikel steht nur eine kurze Zeit von wenigen Sekunden zur Verfügung, da eine schnelle Abkühlung der Schmelzen und kurze Zykluszeiten angestrebt werden. Ein hoher Orientierungsgrad wird nur erreicht, wenn die Richtmagnete im Werkzeug auch hohe Flussdichten besitzen [4]. Aber auch die genaue Anordnung der Richtmagnete und die Werkzeugauswahl bestimmen die spätere dauermagnetische Funktion mit. Die Werkzeugauslegung ist deshalb bei der Herstellung von kunststoffgebundenen Dauermagneten besonders anspruchsvoll. Ein besonderer Vorteil des Spritzgießens ist auch die Möglichkeit, Bauteile aus mehreren Komponenten unter Einbeziehung von magnetisierbaren Compounds komplett herzustellen, wie am Beispiel eines Drehwinkelsensors gezeigt werden konnte [4]. In manchen Bauteilen werden Magneteffekte nur in kleinen Bereichen benötigt. Für solche Fälle ist die Mehrkomponententechnik von besonderem Vorteil, da man die notwendigen Magnetbereiche umspritzen kann [5]. Die Erfahrungen aus der Mehrkomponententechnik und dem Spritzgießen füllstoffhaltiger Kunststoffe lassen sich auch zur Herstellung mehrfach lösbarer Verbindungen aus Kunststoffen und Dauermagneten nutzen, sodass gerade die verschiedenen magnetischen Schließmechanismen in vielen Varianten herstellbar sind. Selbstverständlich setzt die Mehrkomponententechnik voraus, dass sich die gefüllten und ungefüllten Komponenten bei den Bedingungen im Werkzeug auch gut „verbinden". Nur wenn die Haftung an den Grenzflächen ausreichend groß ist, entstehen mechanisch belastbare Verbundkörper. Dabei ist es nicht unerheblich, ob das mit Magnetpulver gefüllte Bauteil zuerst gespritzt wird und dann das Bauteil mit ungefülltem Material fertig gestellt wird [5].

Für füllstoffhaltige Kunststoffe ist typisch, dass die Bauteile mit steigendem Füllstoffgehalt spröder werden und die mechanische Festigkeit nach einem Maximum stark abfällt. Daher sind die Volumenanteile an Füllstoffen begrenzt, wobei Volumenanteile von 60 bis 70 % in Dauermagneten üblich sind.

Unter Berücksichtigung der Dichteunterschiede liegen die Masseanteile der Füllstoffe bei 85 %, das heißt, ein 100 g schwerer kunststoffgebundener Dauermagnet besteht aus 15 g Kunststoff und 85 g Magnetpulver bzw. das Volumen eines Dauermagneten besteht zu 40 % aus der Polymermatrix und zu 60 % aus dem Volumen der festen Magnetpartikel. Damit wird auch verständlich, dass die Verarbeitung magnetgefüllter Kunststoffe ausreichende Erfahrung voraussetzt.

In [6] wird ein Dauermagnet vorgestellt, bei dem der Magnetanteil auf über 90 Masse-% erhöht wurde. Um die mechanische Stabilität zu gewährleisten, wurde der spätere Dauermagnet mittels Mehrkomponentenspritzgießen mit einem glasfasergefüllten Kunststoff umspritzt und so mechanisch stabilisiert [11]. Die hohe Füllstoffmenge aus NdFeB im Innenteil bewirkt einen Anstieg der Flussdichte und magnetischen Feldstärke, das bedeutet, dass das vergleichsweise geringe Energieprodukt erhöht werden kann, wenn die 2K-Technik beim Spritzgießen angewendet wird. Wenn der äußere Stützmantel mehrfach durchbrochen wird, ergeben sich bei der Magnetisierung lokal unterschiedlich starke Magnetfelder, was für lösbare Verbindungen ausgenutzt werden kann.

4.3.3 Pressen

Die kalt- und heißhärtenden Epoxidharze (EP-Harze) sind für viele Anwendungen geeignete Bindemittel, da die Eigenfestigkeit der EP-Harze nach einer chemischen Vernetzung viel größer ist als die der thermoplastischen Kunststoffe. Am bekanntesten ist die Anwendung von EP-Harzen zur Herstellung von faserverstärkten Laminaten oder hochfesten Klebverbindungen. Neben Glas- und Kohlenstofffasern werden die unterschiedlichsten Füllstoffe in Epoxidharze eingearbeitet, sodass die Modifizierung der EP-Harze mittels Füllstoffen inzwischen zum Stand der Technik gehört. Die Kombination von EP-Harzen mit magnetischen oder magnetisierbaren Pulvermischungen ist deshalb nur eine weitere Variante der Harzmodifizierung, die im Besonderen zur Herstellung von magnetischen Laminaten führt.

Das Hauptproblem aller Kombinationen von EP-Harzen mit Füllstoffen ist die Haftung zwischen den Pulverteilchen und den vernetzenden EP-Harzen und die homogene Verteilung der Teilchen. Die Haftung steigt, wenn die Benetzung der Magnetpartikel mit dem Epoxidharz verbessert wird. Dazu werden die Partikel mit Haftvermittlern beschichtet. Eine weitere Möglichkeit ist die Einarbeitung von reaktiven Silanen in die EP-Harze.

EP-Harze sind chemisch vernetzende Polymere, die nach der Vernetzung Duromere sind. Es gibt sie als ein- oder zweikomponentige Systeme, die meisten einkomponentigen Systeme werden bei höheren Temperaturen gehärtet (Heißhärtung), die zweikomponentigen bei Raumtemperatur (Kalthärtung).

Wie alle chemisch vernetzende Polymere enthalten die EP-Harze chemisch reaktive Gruppen, die sogenannten Epoxygruppen. Sie bestimmen die Menge an Härter und den Vernetzungsgrad. Für EP-Harze gibt es verschiedene Härtertypen, die wiederum die Härtungsgeschwindigkeiten und die notwendigen Härtungstemperaturen bestimmen. Da die Härtungsreaktion nach den Regeln der Stöchiometrie ablaufen, muss das Mischungsverhältnis genau eingehalten werden. Enthält eine Mischung zu viel Härter, wird der Härter nicht vollständig chemisch gebunden bzw. kann nicht vollständig „abreagieren“. Beim korrekten Mischungsverhältnis werden genau so viel Epoxygruppen aktiviert, wie dem stöchiometrischen

Mischungsverhältnis entspricht. Wird zu wenig Härter eingesetzt, verläuft die Vernetzung unvollständig. Die Herstellung von hochwertigen magnethaltigen Epoxidbauteilen ist ein komplexer Vorgang und die Härtung verlangt die genaue Einhaltung der Prozessparameter, wie sich am Beispiel des Mischungsverhältnisses zeigen lässt. Weitere wichtige Einflüsse auf die Produktqualität sind:

- die Trockenheit der Pulver,
- die Korngrößenverteilung,
- die Art der Einarbeitung und Homogenisierung,
- die Stabilität der homogenen Verteilung (Vermeidung der Sedimentation).

Für eine schnelle und vollständige Benetzung werden niedrigviskose Epoxidharze zum Formpressen verwendet, die gleichzeitig auch viel Magnetpulver aufnehmen, sodass beim Formpressen entstehende Teile (Platten, Ringe, Scheiben) verbesserte magnetische Eigenschaften besitzen.

Die Herstellung von Formteilen mit der Presstechnik ist bei der Herstellung von größeren Teilen Stand der Technik. Dabei werden in einer Form die Träger (Glasgewebe, Gewebe aus Kohlenstofffasern, Textilien in den verschiedensten Formen, aber auch geschnittene Fasern) für flüssige Harze eingelegt und in geschlossenem Zustand des Formteilwerkzeuges Harz in die Form gedrückt. In der Form findet dann die Aushärtung statt. Eine andere Variante sind vorgefertigte Gelege aus Träger und Harz, die in eine Form eingelegt werden und bei Drücken bis zu 1000 MPa zu blasenfreien Formteilen aushärten. Mit diesen Techniken können auch magnetische Partikel als „Füllstoffe“ in die Harze eingearbeitet werden und so homogen verteilt den Formteilen magnetische Eigenschaften verleihen.

4.3.4 Gießharze

Flüssige Harze, die durch Vernetzung in den festen Zustand übergehen, eignen sich auch zur Einarbeitung von Magnetpulvern. Ein Problem ist dabei die Sedimentation der Magnetpartikel aufgrund der großen Dichtedifferenzen. Für die Einarbeitung der Magnetpulver in die flüssigen Gießharze müssen die Partikel sehr klein sein, da die Sedimentationsgeschwindigkeit mit der Partikelgröße quadratisch ansteigt. Daher ergeben besonders kleinskalige Partikel relativ homogene Mischungen. In [7] [8] konnte gezeigt werden, dass die direkte Einarbeitung von Nanopartikeln aus Kobalt in flüssige PVC-weich-Pasten Magnetfolien ergibt, in denen die Partikel homogen verteilt sind. Andererseits ist bei sehr kleinen Partikeln in niedrigviskosen Gießharzen mit der Strukturviskosität und dem Thixotropieeffekt zu rechnen. Liegen die Durchmesser der Partikel unter 0,2 mm steigt schon bei kleinen Mengen die Viskosität so stark an, dass die Einarbeitung weiterer Partikel nicht mehr möglich ist. Die Mischungen sind dann nicht mehr fließfähig. Erst bei schneller Bewegung, zum Beispiel durch Rühren, sinkt die Viskosität wieder, das heißt, die Mischung wird wieder fließfähiger. Trotzdem können die Partikelanteile nicht so deutlich erhöht werden, wie es für große Magnetkräfte wünschenswert wäre. Durch Additive und eine Modifizierung der Partikeloberflächen kann der Thixotropieeffekt aber teilweise eingeschränkt werden. Trotz der Verarbeitungsprobleme ist die Herstellung von gegossenen Bauteilen interessant, da keine aufwendige Maschinentechnik für den Gießprozess erforderlich ist. Inzwischen gelingt es aber, die Volumenanteile der Magnetpartikel auf 85 % des Gesamtvolumens zu steigern.

Ein Beispiel für die Anwendung von Gießharzen sind auch Silikone (Elastosil R 781/80 der Wacker Chemie) oder Epoxid- und Polyurethanharze, die mit Magnetit, einer Mischung aus Fe_2O_3 und FeO (Fe2,3-Oxid), zu Magnetfolien verarbeitet werden.

4.3.4.1 Isolierte Nanopartikel in Polymeren

Nanopartikel aus Kobalt, Eisen, Nickel und Silber lassen sich in polymere Substanzen stabil isoliert dispergieren [7] [8]. Die Verteilung gelingt über eine flüssige Phase, wobei die flüssige Phase selbst in ein Polymer umgewandelt werden kann oder die Flüssigkeit mit den Nanopartikeln wird als „Tracer" benutzt. Erfahrungen liegen mit DOP, Silikonen und Kohlenwasserstoffharzen (KW-Harze) als Trägerflüssigkeiten vor. Die Partikel haben Durchmesser von etwa 2 bis 5 nm. Die mit Kobalt, Eisen oder Nickel gefüllten festen Polymere besitzen superparamagnetische Eigenschaften ohne Hysteresis. Bei entsprechenden Konzentrationen entstehen Polymere, die eine typische Eigenfarbe besitzen und transparent sind. Bei der Vernetzung von KW-Harzen wurde beobachtet, dass sich die Vernetzungskinetik veränderte. Es ist zu erwarten, dass in diesem Fall die nanoskaligen Kobaltpartikel die Kinetik beeinflusst haben. Nanopartikel auf Bariumbasis verändern auch in Haftklebstoffen die mechanischen Kennwerte dieser Klebstoffe [9].

4.4 Magnetisierung

In Kapitel 1 wurde erläutert, warum einige Elemente im Periodensystem magnetisch sind und andere nicht. Voraussetzung ist immer die Bildung magnetischer Momente mit Dipolcharakter. Wenn alle Dipolmomente in alle Richtungen wirken, heben sich die Kräfte der Momente gegenseitig auf, sie „neutralisieren" sich. Erst nach einer Magnetisierung durch ein externes Magnetfeld, bei der die Momente ausgerichtet werden, ergibt sich eine makroskopisch messbare Magnetkraft im magnetisierten Bauteil. Sobald sich die meisten Dipole ausgerichtet haben, also der maximale Magnetismus erreicht ist, kann der externe Magnet noch so stark sein, die Magnetisierung des Bauteiles, zum Beispiel aus Eisen, ist abgeschlossen, das Bauteil ist „gesättigt“. Da die Magnetkraft letztlich vom Atomaufbau abhängt, ist verständlich, dass die chemischen Elemente unterschiedlich stark magnetisierbar sind. Jede Magnetisierung bewirkt immer einen Nord- und Südpol. Die Magnetfeldlinien verlaufen vereinbarungsgemäß vom Nord- zum Südpol. Die Magnetisierungsvorrichtungen sind metallische Dauermagnete, zum Beispiel aus Bariumferrit und stromdurchflossene elektrische Leiter. Durch die Leiter können Gleich- oder Wechselströme fließen und die Stromrichtung kann geändert werden. Dadurch sind zwei- oder mehrpolige und streifenförmige Magnetisierungen möglich, wie Bild 4.2 beispielhaft für runde Körper zeigt.

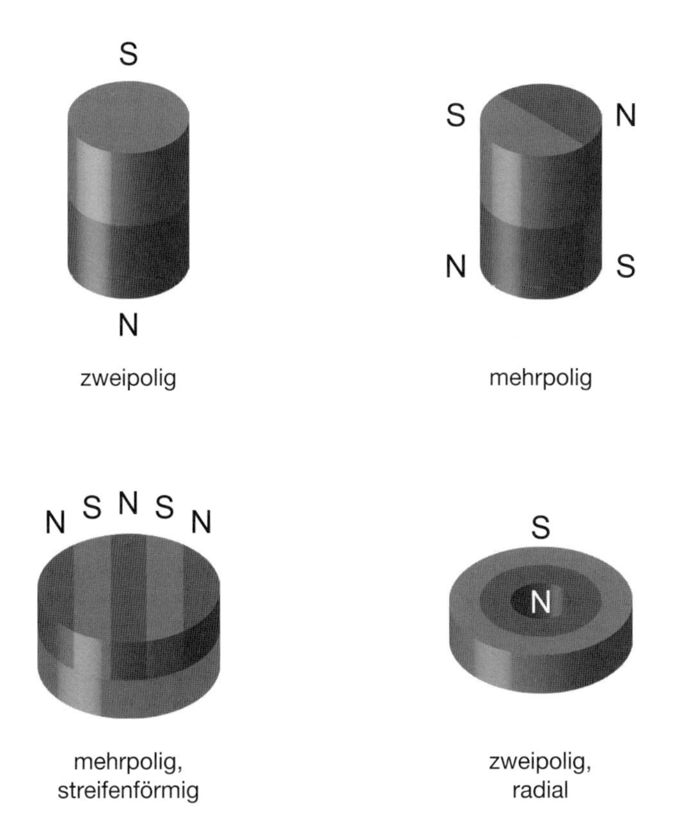

Bild 4.2 Beispiele für unterschiedliche Magnetisierungen

Selbstverständlich können auch rechteckige Körper zweipolig oder streifenförmig magnetisiert werden und zum Beispiel lassen sich Bauteile auf der Ober- und Unterseite mit Nord- und Südpol oder eine Hälfte als Nordpol und die andere Hälfte als Südpol magnetisieren. Es ist üblich, den Südpol grün und den Nordpol rot zu markieren. Das erleichtert auch die Vorstellung von der Magnetisierung. So sind die streifenförmigen und radialen Magnetisierungen wie in Bild 4.2 unten eher für isotrope Magnetisierungen gebräuchlich und die zwei- und mehrpoligen wie in Bild 4.2 oben für anisotrope Magnetisierungen.

Die Magnetisierung von magnetisierbaren Materialien nach dem Sintern, Gießen oder nach der Bindung mit Kunststoffen ist einer der wichtigsten Prozesse bei der Herstellung von Dauermagneten. Neben der fertigungsbedingten Magnetisierung gibt es auch die Nachmagnetisierung von Dauermagneten, wenn sich deren magnetische Stärke verringert. Dieser Vorgang der „Entmagnetisierung" kann gewollt, aber auch ungewollt sein. Dauermagnete besitzen keine unbegrenzte magnetische Stabilität oder verlieren ihre Magnetstärke fast ganz, wenn sie stark erwärmt werden. Dabei gibt es für jeden Typ eine kritische Anwendungstemperatur, die Curie-Temperatur. Oberhalb der Curie-Temperatur findet eine irreversible, vollständige Entmagnetisierung statt. Auch Klimabelastungen, bei denen die Bauteile oxidieren oder mit anderen Stoffen reagieren können, schwächen die Flussdichte irreversibel. Eine bewusste Entmagnetisierung findet statt, wenn ein Dauermagnet mit einem entgegen gerichteten anderen Magneten in Berührung kommt bzw. sich die Magnetfelder durchdringen bzw. berühren. Die gewollte Entmagnetisierung findet in einem magnetischen Wechselfeld mit starken Magnetfeldern statt.

Es gibt verschiedene Varianten, wie die Magnetisierung durchgeführt wird, und gleichzeitig ist die Magnetisierung von der Geometrie der Dauermagnete abhängig. Dabei ist von Bedeutung, ob ein Dauermagnet ein Stab, ein Quader, eine Scheibe, eine Platte oder ein Ring ist. Wenn beim Spritzgießen dann noch sehr unterschiedliche Bauteilformen hergestellt werden, muss die Magnetisierung auch der Formenvielfalt angepasst werden.

Schon beim einfachen Quader gibt es die x-, y-, und z-Achse, in deren Richtung magnetisiert werden kann. Sobald die eine Hälfte eines Stabes oder eines Quaders magnetisiert wird, handelt es sich um eine zweipolige Magnetisierung, Bild 4.2 links oben. Es ist aber auch möglich, in einer der Ebenen nebeneinander streifenförmig und entgegengesetzt gerichtet zu magnetisieren. Dadurch entsteht die Magnetisierungsangabe N-S-N-S-N. Bei fünf magnetisierten Streifen spricht man dann auch von fünfpoliger Magnetisierung, zum Beispiel in der Form N-S-N-S-N oder S-N-S-N-S. Liegen sich zwei gleiche Magnetbereiche von zwei Magneten gegenüber, würden sich die Magnete gegenseitig abstoßen bzw. sich seitlich so verschieben, bis sich Nord- und Südpol gegenüber befinden.

Die Magnetisierung wird bei einem Stab üblicherweise entlang der Stabachse erfolgen, sodass sich an den entgegengesetzten Stabenden der Süd- und Nordpol ergibt. Alle flächigen Gebilde lassen sich mehrpolig magnetisieren und bei runden Flächen oder Bauteilen sind radiale und axiale Magnetisierungen möglich. Diese verschiedenen Varianten ergeben dann Dauermagnete mit unterschiedlichen

Polverteilungen und Magnetstärken, das heißt, die Magnetisierung wird den Anforderungen im Einsatz gezielt angepasst. Selbstverständlich wird zuerst einmal versucht, auf die kostengünstigste und einfachste Form der Magnetisierung in Richtung der längsten Abmessung zurückzugreifen. Sobald die Magnetisierung bevorzugt in eine Richtung vorgenommen wird, findet auch die Ausrichtung der magnetischen Momente in eine Richtung statt. Dadurch entstehen anisotrope Magnete, die entlang der Magnetisierungsachse hohe Magnetkräfte besitzen. Im Gegensatz dazu entstehen isotrope Magnete, wenn es keine Vorzugsrichtung gibt. Da sich ein Teil der magnetischen Momente gegenseitig kompensiert (neutralisiert), sind auch die wirksamen Magnetkräfte kleiner und werden bei Störungen schneller kleiner. Die Vielzahl von Magnetisierungsmöglichkeiten einer Scheibe mit einem kleinen Durchbruch wird dazu genutzt, die Magnetisierung und damit die Magnetkräfte den praktischen Forderungen anzupassen. So können Ringe oder Scheiben axial mit einer Nord- und einer Südpolseite oder radial mit einem Pol in der Mitte und strahlenförmige magnetisiert bis zum Umfang sein. Scheiben können auch mit abwechselnden Nord- und Südpol-Bereichen in radialer Richtung magnetisiert sein und je nach Anzahl der magnetisierten Bereiche spricht man zum Beispiel von vier- oder sechspoliger Magnetisierung.

Diese Magnetisierung einfacher geometrischer Körper wird bei mehrfach lösbaren Verbindungen häufig genutzt.

Bei kunststoffgebundenen Bauteilen, die im Spritzgießverfahren hergestellt werden, erfolgt die Magnetisierung durch ein gerichtetes Magnetfeld während des Spritzgießens, sodass die Ausrichtung der magnetischen Dipole noch im schmelzflüssigen Zustand der Kunststoffmasse stattfinden kann. Die Magnetpulver sind schon vor der Einarbeitung in einen Kunststoff, bei der Herstellung von Compounds, magnetisch, sodass beim Spritzgießen nur die Ausrichtung der magnetischen Dipole stattfindet. Für diese Ausrichtung im Werkzeug werden im einfachsten Fall NdFeB-Dauermagnete oder Gleichstromspulen verwendet. Sobald das Auswerfen der Spritzgießteile aufgrund der Magnetisierung schwierig wird, können nur abschaltbare Gleichstromspulen zur Magnetisierung bzw. zur Partikelausrichtung eingesetzt werden. Eine weitere Magnetisierung bis zur Sättigung erfolgt außerhalb der Werkzeuge mit Wechselstromspulen, die impulsartig angesteuert werden. Die Magnetisierungsimpulse sind dann deutlich größer als die Magnetisierung im Werkzeug. Die unterschiedlichen Haltekräfte bei verschiedenen Magnetisierungen zeigen Bild 4.3. und Bild 4.4. Innerhalb anisotroper Magnetfolien können die Haltekräfte den Anforderungen der Praxis angepasst werden. Die größeren Unterschiede ergeben sich bei den anisotropen und isotropen Magnetfolien wie in Bild 4.4 gezeigt.

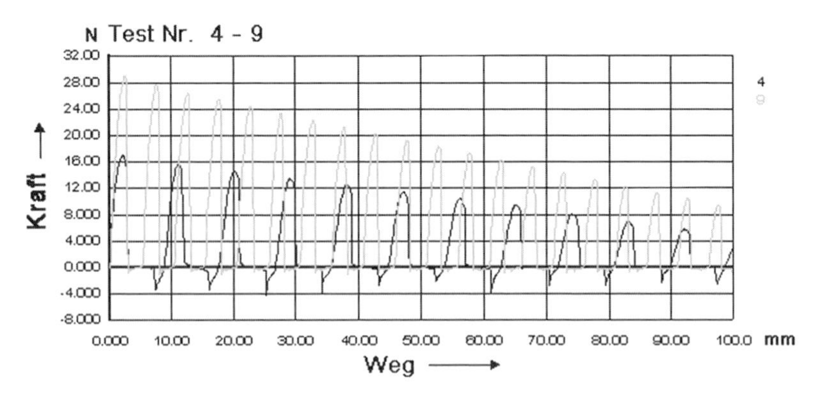

Bild 4.3 Magnetisierungszustand einer Barium-Strontium-Magnetfolie 1,5 mm dick, zwei verschiedene Magnetisierungen mit unterschiedlichen Magnetkräften

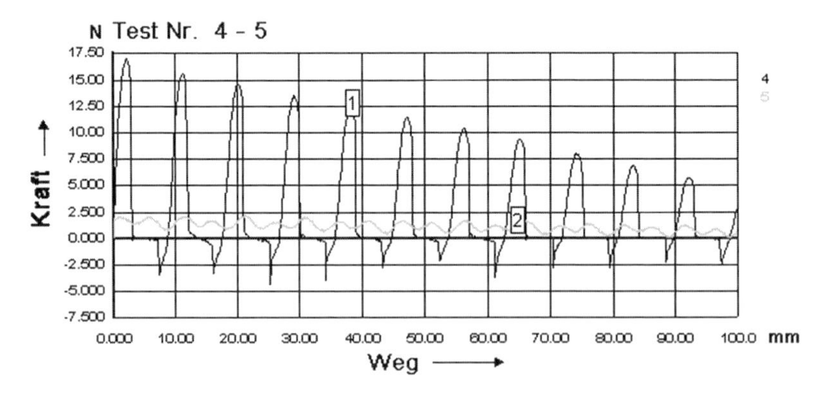

Bild 4.4 Magnetisierungszustand von Magnetfolien mit isotroper (2) und anisotroper Streifenmagnetisierung (1)

4.5 Konfektionieren

Da es eine Vielzahl von unterschiedlichen Anwendungen gibt, müssen die Magnetfolien, die durch Extrusion oder auf Kalanderanlagen entstehen, weiter bearbeitet werden, um aus der Rohware verkaufsfähige Produkte zu machen. Die Rohware sieht aufgrund der magnetischen Pulver dunkelbraun bis schwarz aus. Das heißt aber auch, dass die Magnetfolien schon aus ästhetischen Gründen meist weiße oder farbige Deckschichten erhalten. Bei den Deckschichten handelt es sich um weichmacherhaltige PVC-Folien, die sehr gut auf der Rohware haften. Der T-Peel-Test ergibt beim Abschälen der PVC-Deckschicht von der Rohware Schälkräfte für

25 mm breite Proben von 20,6 N. Vor allem kommt es beim Schälvorgang zum Kohäsionsversagen im Übergang zwischen dem Magnetband und der Deckfolie, das heißt, Schälkräfte von 20 N/25 mm bestätigen die hohe Verbundhaftung. Messungen bei 80 °C beschreiben eher die geringe Eigenfestigkeit der hochgefüllten Magnetfolien, da die Magnetfolie schon bei geringen Belastungen reißt und sich von der Schutzfolie löst. Die abnehmende Haftung bei höheren Temperaturen ist für die Praxis nur dann von Bedeutung, wenn wechselnde Dehnungen bei 80 °C zu erwarten sind.

Zu den Haftmagnetfolien und den lösbaren Magnetverbindungen gehören auch Stanzteile, die nach Kundenvorgabe gefertigt werden. Dabei bestimmen die Losgrößen, die Komplexität der Stanzteile und die Magnetdicke, welches Stanzverfahren angewendet wird. Für kleine Losgrößen hat sich das Stanzen per Hand oder mit Unterstützung durch eine manuell betätigte Stanze bewährt. Ein wichtiges Entscheidungskriterium bei der Maschinenauswahl sind dabei die relativ hohen Kosten für die Stanzwerkzeuge. Bei sehr großen Stückzahlen werden auch kontinuierlich arbeitende Rotationsanlagen eingesetzt. Die Stanzmesser befinden sich auf dem Umfang einer rotierenden Walze, die programmgesteuert arbeitet. Die Kosten der Mehrfachstanzmesser für kontinuierlich arbeitende Maschinen sind besonders hoch. Ein wichtiger Aspekt beim Stanzen ist der Verschnitt der relativ teuren Magnetfolien.

Zur Konfektionierung gehört auch die Bedruckung der Schutzfolien im Siebdruckverfahren:

Sofern es sich bei den Deckschichten um Materialien mit geringer Oberflächenenergie handelt, gelten die generellen Regeln für die Bedruckung von Kunststoffen. Vor allem müssen die Benetzbarkeit und die Oberflächenenergie bekannt sein, um einen „sauberen“ Druck zu erhalten. Der saubere Druck ist durch einen scharfen Übergang zwischen bedruckten und unbedruckten Bereichen gekennzeichnet. Erst wenn die Farben nicht verlaufen, entstehen kontrastreiche Druckbilder. Zur Beeinflussung der Oberflächenenergie gibt es mehrere Verfahren (siehe Abschnitt 4.5.1.1).

Bei spritzgegossenen Bauteilen werden die korrosionsanfälligen Pulverpartikel zum größten Teil durch die Kunststoffbindemittel geschützt, sofern die Bindemittel keine Feuchtigkeit aufnehmen. Wenn ästhetische Anforderungen zu erfüllen sind, erhalten die Oberflächen der Bauteile Lackierungen, auch wenn Feuchtigkeit und alkalische oder saure Medien einwirken können.

4.5.1 Selbstklebende Ausrüstung

Der möglichst hohe Anteil an Magnetpulver in den kunststoffgebundenen Magnetfolien (Rohfolien) macht sie empfindlich für Dehnungen und das Knicken. Mit steigender Foliendicke oder mit zunehmender Dicke der Plattenware reichen schon geringe Kräfte aus, um die Folien oder Platten zu zerstören. Diese Empfindlichkeit bei mechanischen Belastungen wird verringert, wenn die Halbzeuge Schutzfolien erhalten. Gleichzeitig werden auch ästhetische Anforderungen erfüllt. Neben der Schutzfolie wird von den flächigen Halbzeugen, Zuschnitten und gestanzten Formteilen auch eine Klebstoffbeschichtung gefordert. Damit ist es möglich, die Magnetfolien oder Bauteile ohne besonderen Aufwand auf vielen Substraten zu platzieren. Neben den Magnetfolien werden auch ferromagnetische Bleche mit Klebstoffen oder selbstklebenden Schaumstoffen beschichtet, das heißt, es gibt mehrere Grenzschichten, die die Haftung des Gesamtsystems bestimmen. Jede Einzelschicht muss selbstverständlich den Anforderungen während der Nutzungsdauer einer Verbindungslösung gerecht werden.

Die Beschichtung mit Haftklebstoffen kann direkt aus der flüssigen Phase oder mittels doppelseitigen Klebebändern erfolgen. Daneben können auch Transferklebstoffschichten ohne Trägerfolien auf die Folien übertragen werden.

Die direkte Heißkaschierung der Schutzfolien auf die magnetischen Rohfolien ist zwar auch eine Aufgabe der Verbindungstechnik, gehört aber nicht in den Bereich der Klebtechnik, da keine externen Klebstoffe eingesetzt werden.

Die Beschichtung der Rohware mit Klebstoffen hat einen positiven Nebeneffekt, wenn zur Beschichtung Klebstoffe eingesetzt werden, die auf Trägerfolien appliziert wurden und die dann wie doppelseitige Haftklebebänder verarbeitbar sind. Beim Kaschieren der doppelseitig beschichteten Folien wird darauf geachtet, dass selbst bei größeren Flächen keine Luftblasen eingeschlossen werden und ein ausreichender Anpressdruck zwischen der Rohfolie und der Klebstoffschicht besteht.

Als Nebeneffekt bewirkt die Klebstoffkaschierung eine Veränderung des Spannungs-Dehnungs-Verhaltens. Selbst wenn die dünnen Trägerfolien aus dem flexiblen PVC-P bestehen, verändern sie die Eigenfestigkeit der relativ spröden und knickempfindlichen Rohfolien deutlich. In Tabelle 4.3 sind die Streckspannungen und die Bruchdehnungen von zwei Barium-Strontium-Magnetfolien mit den Bezeichnungen F 19 und F 25 mit und ohne Klebstoffschicht aufgeführt. Die Klebstoffschicht ist wie eine flexible „Schutzfolie“ zu betrachten, denn sie bewirkt einen Zusammenhalt der auf Zugbeanspruchung empfindlich reagierenden Rohfolien, sodass der Bruch erst bei größerer Dehnung erfolgt. Für die Spannungs-Dehnungs-Untersuchungen beträgt die Prüfgeschwindigkeit wie bei spröden Kunststoffen gebräuchlich 10 mm/min.

Tabelle 4.3 Einfluss einer Klebstoffbeschichtung mit Trägerfolie auf die mechanischen Eigenschaften von Ba-Sr-Magnetfolien

Material	Streckspannung in N/mm²	Bruchdehnung in %
F 19 1,50 mm dick, 19 mm breit, ohne Klebstoffschicht	4,74	23,4
F 19 1,50 mm dick, 19 mm breit, mit Klebstoffschicht	6,23	50,5
F 25 1,55 mm dick, 25 mm breit, ohne Klebstoffschicht	4,59	10,2
F 25 1,55 mm dick, 25 mm breit, mit Klebstoffschicht	6,71	27,5

Sofern die Klebstoffbeschichtung erfolgreich war, wird die Haftung der Magnetfolien und Formteile von der Klebstoffauswahl und Klebstoffrezeptur bestimmt, aber auch von der Haftung zwischen dem Klebstoff und der Magnetrohfolie. Um eine hohe und zuverlässige Haftung zu erreichen, kann es notwendig sein, die Rohfolien vorzubehandeln oder die zu beklebenden Substrate vorzubehandeln. Die Vorbehandlungsverfahren für beide Varianten sind sehr ähnlich. Im ersten Fall sind sie für den Produzenten wichtig, im zweiten Fall für den Anwendungsberater des Produzenten, die Verkäufer oder für den Anwender der Magnetfolien.

4.5.1.1 Vorbehandlung

Die Vorbehandlung von Rohfolien und Bauteilen verfolgt den Zweck, die Oberflächenenergie zu erhöhen, da dann die Voraussetzungen für schnelle und vollständige Benetzungen gegeben sind. Neben der Benetzung dient die Vorbehandlung auch dazu, die chemische Reaktivität an der Grenzfläche zum Klebstoff zu erhöhen. Das wird durch die Bildung von reaktiven Gruppen, die vor der Behandlung nicht existierten, an der Kleboberfläche erreicht. Zu den reaktiven Gruppen gehören bei Kunststoffen sogenannte Ketogruppen (-C-CO-C-), Carbonylgruppen (-COOH) oder Hydroxylgruppen (-OH). Auf Metallen oder Keramiken werden selbst die letzten Reste von Fremdstoffen beseitigt und die Kristallstrukturen der Metalle und Keramiken thermisch angeregt, sodass auch diese Werkstoffe chemische Wechselwirkungen mit den Klebstoffen eingehen können. Es ist schon seit längerem bekannt, dass gerade diese Wechselwirkungen stabile Klebungen ergeben.

Es gibt eine Reihe von Verfahren zur Erhöhung der Oberflächenenergie, die aber nicht alle für magnetische Folien geeignet sind. Mechanische Verfahren wie das Strahlen, Schleifen oder Bürsten scheiden für das weiche und mechanisch empfindliche Rohmaterial aus. Ein Verfahren, mit dem die Klebkräfte deutlich steigen, ist das AD-Plasma-Verfahren, Bild 4.5. Es entspricht einer sehr kurzen Hochenergiebehandlung unter normalen atmosphärischen Bedingungen. Dadurch werden insbesondere bei Oberflächen mit geringer Oberflächenenergie und schlechter Benetzung die Klebflächen „aktiviert“, sodass die meisten Klebstoffe fester haften. Dadurch steigt die Adhäsion zwischen Klebstoff und Bauteiloberfläche. Die höhere Adhäsion ergibt als makroskopische Messgröße höhere Haftkräfte und vor allem steigt die Langzeitbelastbarkeit der Klebverbindungen. Das Verfahren ist dann von Interesse, wenn die schwer klebbaren Polyolefine mit sich selbst und anderen Materialien verbunden werden sollen. Bei der selbstklebenden Ausrüstung von gummiummantelten Magneten kann die Haftung von Haftklebebändern bis zum Kohäsionsversagen solcher Bänder gesteigert werden. Als „Gummi“ werden zur Ummantelung EPDM-Copolymere verwendet, die zur Gruppe der Polyolefine gehören und ohne Vorbehandlung schlecht klebbar sind. Bild 4.7 zeigt die Haftungssteigerung durch das AD-Verfahren für Ummantelungen von Magneten mit EPDM, auf denen doppelseitige Haftklebebänder sicher halten sollen.

Bei der Verwendung von dickschichtigen geschäumten Acrylatklebstoffen, die auch als VHB-Klebebänder bezeichnet werden, kommt es nach einer AD-Plasmabehandlung beim Abschälen zum Kohäsionsversagen im Klebstoff, Bild 4.6. Der Begriff VHB steht für very high bonding und wurde von der Fa. 3M für diese besondere Klebstoffgruppe eingeführt. Inzwischen gibt es weitere Firmen, die diese Hochleistungs-Haftklebstoffe anbieten.

Zur Vorbehandlung von Bauteilen aus fast allen Materialien gehört auch die Anwendung von Haftvermittlern (Kurzform HV), auch als Primer bezeichnet. Bild 4.8 zeigt den Primereffekt am Beispiel der Haftungserhöhung eines Kautschukklebstoffes.

Diese Methode ist für kleine Losgrößen und kleine Bauteile sehr gut geeignet. Wie wichtig Haftvermittler beim Kleben von Magnetfolien auf anderen Materialien oder beim Kleben mit selbstklebenden Magnetfolien sind, zeigt Tabelle 4.4. Die Klebflächen waren 312,5 mm^2 groß, die Proben 25 mm breit, die Prüfgeschwindigkeit betrug 10 mm/min. Bei hoher Klebfestigkeit mussten die Folien mit einer selbstklebenden PET-Folie verstärkt werden (Rückseitenverstärkung RV).

Tabelle 4.4 Scherkräfte von Klebverbindungen mit Magnetfolien, Prüfung nach DIN EN 1465

Materialien	Scherkräfte ohne HV	Scherkräfte mit HV
Ba-Sr-Magnetfolie sk, auf Al	156,4 N, Adhäsionsversagen am Al	247,8 N, Dehnung bis zum Folienbruch, mit RV 392,5 N und Delaminierung Klebstoffschicht-Magnetfolie
Magnetfolie mit Schutzfolie auf Al mit Acrylatklebstoff T70	177,6 N, Foliendehnung und Adhäsionsversagen an der Schutzfolie	292,6 N, Klebstoffkohäsion
Magnetfolie mit Schutzfolie auf Al mit Kautschukklebstoff A49	83,6 N, Klebstoffkohäsion, kein Spontanversagen der Klebung	120,1 N, Klebstoffkohäsion, kein Spontanversagen der Klebung

Die Absolutwerte der Klebkraft des Kautschuklebstoffes A49 sind geringer als die Werte, die mit dem Acrylatklebstoff T70 erreicht werden, aber es ist bei geringen mechanischen Belastungen kein Haftvermittler erforderlich, denn auch ohne Haftvermittler bestimmt die Klebstoffkohäsion die Haftung der Verbindung. Interessant ist die höhere Klebstoffkohäsion des Kautschukklebstoffes bei Verwendung eines Haftvermittlers, obwohl keine anderen Randbedingungen geändert wurden.

Bild 4.5 Plasmabehandlung einer Magnetfolie mit einer Rotationsdüse (Quelle: Plasmatreat, Steinhagen)

Bild 4.6 Kohäsionsversagen eines VHB-Haftklebstoffes auf einer EPDM-Ummantelung nach einer AD-Plasmabehandlung

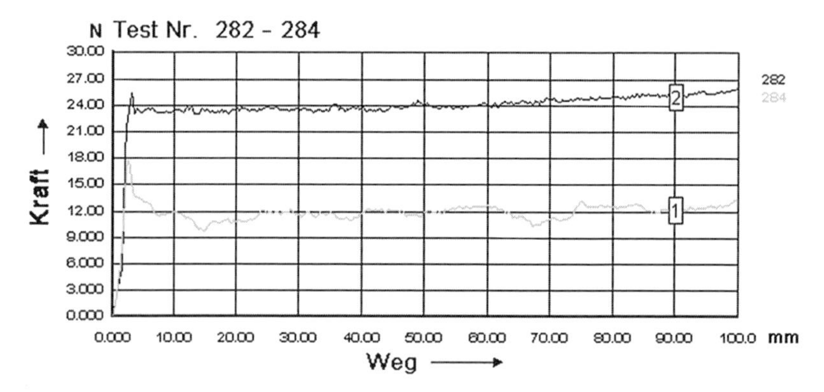

Bild 4.7 Vorbehandlungseffekt auf einer 2 mm dicken Magnetfolie ohne AD-Plasma (1) und mit AD-Plasma (2), Haftungserhöhung eines Haftklebebandes, Prüfung nach FTM 1

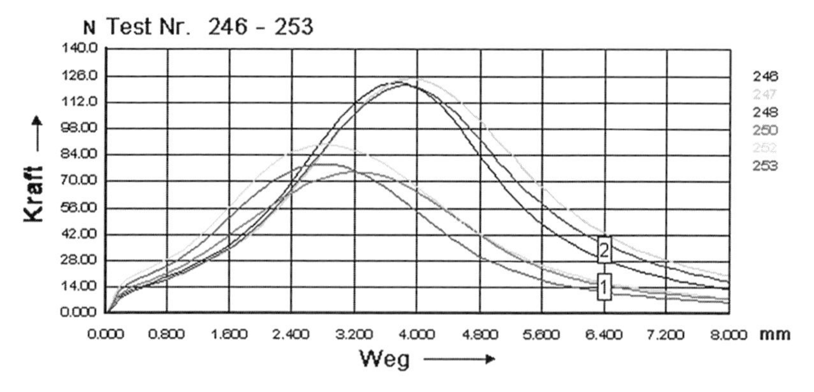

Bild 4.8 Einfluss eines Primers auf die Haftung von Kautschukhaftklebstoffen am Beispiel von Al-Klebungen, 1: ohne Primer, 2: mit Primer 05, Klebfläche 312,5 mm^2

4.5.1.2 Klebstoffe

Ein Überblick über Haftklebstoffe betrifft einerseits die Klebstoffauswahl bei der Beschichtung von Bändern, sodass sie selbstklebend sind und andererseits die Auswahl zur Befestigung nicht beschichteter Bänder und vor allem von ferromagnetischen Blechen als Grundlage für Magnetwände.

Haftklebstoffe sind im Vergleich zu allen anderen Klebstoffen permanent klebrig. Verbindungen mit Haftklebstoffen sind bei geeigneter Rezeptur mehrfach lösbar, der Klebstoff kann auch mehrfach zum Verbinden eingesetzt werden. Dabei muss immer beachtet werden, dass Haftklebstoffe genau genommen hochviskose, klebrige Flüssigkeiten sind und daher im Vergleich mit anderen Klebstoffen schon bei geringen mechanischen Lasten zum Fließen neigen. Eine weitere Besonderheit von Haftklebstoffen besteht darin, dass die Festigkeit einer Verbindung zu großen Teilen vom Anpressdruck während der Applikation abhängt. Daher ist auch die Bezeichnung PSA (engl.: pressure-sensitive adhesive) für Haftklebebänder sehr anschaulich. Die leistungsstärksten Klebebänder erreichen Scherfestigkeiten bis etwa 1 MPa, vereinzelt auch bis 2 MPa. Unabhängig davon kann bei ausreichender Klebfläche die Eigenfestigkeit des beklebten Substrats erreicht werden. Die wichtigen Eigenschaftsmerkmale der Haftklebstoffe sind:

- die Klebrigkeit (Soforthaftung, Tack),
- der Schälwiderstand nach DIN EN 1939, FINAT FTM 1, AFERA 4001,
- die statische und dynamische Festigkeit.

Der Versuch zur Ermittlung der statischen Festigkeit ist mit einem Zeitstandversuch, wie er für Kunststoffe gilt, vergleichbar. Der Versuch zur Ermittlung der dynamischen Festigkeit ist dagegen mit dem Zugscherversuch von Metallklebversuchen entsprechend DIN 1465 vergleichbar.

Kunststoffgebundene Folien, Platten und Bänder können auch mit doppelseitigen Haftklebebändern beschichtet werden. Die Beschichtung erfolgt in Kaschieranlagen, in denen die Haftklebebänder unter Druck mit den Magnetfolien verbunden werden. Eine besondere Vorbehandlung ist bei kleinen Losgrößen und kleinen Produktmengen nicht erforderlich, da die Haftung auf Magnetfolien sehr gut ist.

Im 180°-Schälversuch nach DIN EN 1939 werden Schälkräfte bis 20 N/25 mm erreicht. Bei diesem Test werden 25 mm breite Proben aus Magnetfolien und einseitigen oder doppelseitigen Haftklebebänder hergestellt. Wichtig ist dabei ein ausreichender Anpressdruck. Die Bänder sind so lang, dass ein unverklebter Bereich um 180° umgelegt wird. Magnetfolie und Klebeband werden dann an den Enden in eine Prüfmaschine eingespannt und der Kraftverlauf beim Abschälen des Bandes gemessen. Die Haftklebebänder besitzen Trägerfolien, auf denen einseitig oder doppelseitig Klebstoffe aufgetragen werden. Am häufigsten bestehen die Trägerfolien aus Polyester-, Polyethylen- und Polypropylenfolien. Dabei kann es auch zur Delaminierung im Haftklebstoff kommen, das heißt, die Haftung der Acrylatschichten auf den Magnetfolien ist größer als die Haftung zu den Trägerfolien. Bei dünnen Magnetfolien stellt sich während des Schälvorgangs je nach Flexibilität und Gewicht der Magnetfolie ein Winkel zwischen etwa 130 und 90° ein. Dann gleicht der Versuch eher einem T-Peel-Test. Dieser 90°-Schälversuch ist für dünne Folien zur Beurteilung der Haftung von Klebebändern gebräuchlich. Da sich beim Schälen ein T bildet, wird der Test allgemein als T-Peel-Test bezeichnet.

Als Haftklebstoffe zum Kleben von Magnetbändern untereinander mit anderen Substraten oder mit Magnetblechen und Schutzfolien werden eingesetzt:

- Reinacrylate,
- modifizierte Acrylate,
- natürliche Kautschuke,
- synthetische Kautsche,
- thermoplastische Elastomere aus Co-Polymeren.

Die Herausforderung für die Klebstoffhersteller besteht darin, die Basispolymere mit Zusätzen zu versehen, damit daraus ein Haftklebstoff mit besonderen Eigenschaften wird. Zusätze sind klebrig machende Harze (Tackifier), Weichmacher, Stabilisatoren, Füllstoffe oder Viskositätsregler. Alle genannten Zusätze beeinflussen die Verarbeitungs- und Anwendungseigenschaften, sodass durch die Rezeptur fast jedes Anforderungsprofil erfüllt werden kann.

Bei der Anwendung von Haftklebstoffen muss beachtet werden, dass stets der Widerspruch zwischen hoher Eigenfestigkeit, hoher Klebrigkeit und hoher Klebkraft auf möglichst vielen Substraten besteht. Haftklebstoffe sind die einzigen Klebstoffe, bei denen die Begriffe Klebrigkeit und Klebkraft unterschiedliche Zustände beschreiben und die Messwerte unterschiedlich groß sind. Die Klebrigkeit beschreibt die Haftung zwischen Klebstoff und Substrat im Moment des ersten Kontaktes ohne einen besonderen Anpressdruck. Die Klebrigkeit wird auch als Tack oder Soforthaftung bezeichnet. Die Klebkraft beschreibt die Haftung einer Verbindung nach mehreren Minuten oder Tagen bei einem vorgegebenen Anpressdruck. Die Klebkraft ist eine Messgröße zur Beurteilung von Verbindungen.

Reinacrylate: Sie gehören zu den leistungsstärksten Haftklebstoffen. Das gilt besonders für die Wärmestandfestigkeit und Wärmestabilität, die Langzeit- und Klimastabilität und die Klebfestigkeiten. Die Wärmestandfestigkeit beschreibt dabei die möglichen Eigenschaftsänderungen bei einer höheren Messtemperatur, die Wärmestabilität dagegen die Eigenschaften nach einer längeren Lagerung bei einer höheren Temperatur. Sehr häufig werden die Klebfestigkeiten bei 70 oder 120 °C gemessen und Klebverbindungen 2000 h bei 70 oder 120 °C gelagert und danach wird bei 23 °C die Restfestigkeit gemessen.

Modifizierte Acrylate: Die Reinacrylate haften auf niederenergetischen Substraten, das sind Substrate mit geringer Oberflächenenergie, nicht besonders gut. Daher werden einige Acrylate mit Zusätzen modifiziert, die die Klebrigkeit (Tack) und die Haftung erhöhen. Die Zusätze haben aber auch ihren Preis. Sie verringern die thermische Einsatzgrenze und sie machen den Haftklebstoff „weicher".

Kautschuk-Haftklebstoffe: Sie sind die zweite wichtige Gruppe der Haftklebstoffe. Die Rohstoffe bestehen aus natürlichen und synthetischen Elastomeren wie Naturkautschuk (NR) oder Polyisobutylen (PIB), aber vor allem auch aus Copolymeren verschiedener Grundkomponenten wie zum Beispiel Styrol und Butadien. Beide Komponenten ergeben Styrol-Butadien-Styrol-Block-Copolymere (SBS), die dann mit klebrig machenden Harzen und weiteren Zusätzen zu einem Haftklebstoff werden. Weitere Basispolymere sind Butadien-Styrol-Copolymere (SBR) oder Styrol-Isopren-Styrol-Block-Copolymere (SIS). Die genannten Copolymere gehören zur Gruppe der thermoplastischen Elastomere (TPE), lassen sich aber im Gegensatz zu vulkanisierten gummiartigen Elastomeren mehrfach aufschmelzen und verarbeiten. Für die Entwicklung von Haftklebstoffen war wichtig, dass sie sich gut modifizieren ließen und auf vielen Substraten hafteten.

Eine Kombination, zum Beispiel aus Styrol und Butadien, ergibt ein Polymergerüst aus Blöcken, das eine hohe innere Festigkeit besitzt (Styrolblock, steife Phase) Gleichzeitig gibt es im Polymergerüst Blöcke, die für die elastischen Eigenschaften sorgen (Butadien-Blöcke, flexible Phase). Das Verhältnis der steifen und flexiblen Phasen ist variabel. Dadurch ist es möglich, die Rezepturen solcher Haftklebstoffe den Anforderungen anzupassen.

Bei der Beurteilung von Haftklebstoffen muss auch berücksichtigt werden, wie die Klebstoffe auf die Trägerfolien aufgebracht wurden, denn dadurch werden einige Eigenschaften deutlich beeinflusst.

Es gibt:

- Lösemittelhaltige Klebstoffe, die man in sehr dünnen Schichten auftragen kann und die häufig transparente Beschichtungen ergeben.
- In Wasser dispergierte Haftklebstoffe, deren Wasserstabilität etwas eingeschränkt ist.
- Haftklebstoffe, die wie Hotmelts verarbeitet werden und meist dickere Klebstoffschichten ergeben (Haftschmelzklebstoffe, sogenannte 100 %-Systeme, die keine flüchtigen Bestandteile wie Lösemittel oder Wasser enthalten).
- Haftklebstoffe, die nach dem Beschichten von Trägerfolien mit UV-Strahlung vernetzen und dadurch thermisch stabiler werden.

Eine Sonderform sind sogenannte VHB-Haftklebebänder, die eine mittlere geschäumte Schicht besitzen und darauf auf beiden Seiten eine homogene geschlossene Schicht aus dem gleichen Basismaterial und mit hoher Klebkraft. Solche VHB-Haftklebebänder eignen sich nur für besonders hochfeste und sichere Verbindungen mit hoher „Haftungsreserve". Für die meisten Standardanwendungen von lösbaren Magnetverbindungen sind doppelseitige Klebebänder zum Befestigen der Magnetwände oder ferromagnetischen Bleche ausreichend.

4.6 Sicherheitsaspekte

Die Handhabung von Magneten erfordert einen sicheren Umgang mit diesen Werkstoffen. Einige Hinweise enthalten die folgenden Punkte.
Bei größeren Magneten treten große Anziehungs- und Haltekräfte bei der Annäherung eines zweiten Dauermagneten oder eines ferromagnetischen Materials auf.

Starke Magnetfelder verändern die Informationen auf Datenträgern, so auch auf internen oder externen Festplatten in Computern.

Bei Herzschrittmachern muss eine Distanz von etwa 0,5 m gewährleistet sein, um jede Art von Störungen auszuschließen, Personen mit Herzschrittmachern sollten nicht in Bereichen, in denen mit Magneten hantiert wird, arbeiten.

Beim Versand von Magneten oder Geräten mit Magneten im Luftverkehr sind von der International Air Transport Association IATA besondere Verpackungsvorschriften zu beachten. Details zur Verpackung und zum Nachweis der Magnetstärken außerhalb der Verpackung sind in der Vorschrift 902 geregelt.

In explosionsgefährdeten Räumen sollte nicht mit starken Magneten gearbeitet werden, da beim plötzlichen Zusammenschlagen der Magnete Funken entstehen können.

Literatur

1. *Rogalla A.*, *Drummer D.* und *Riehl M.*: Innovationen für die Medizintechnik in: Kunststoffe 97 (2007) 7, S. 72–76, Carl Hanser Verlag, München
2. DIN EN 10331:2003-09 Magnetische Werkstoffe – Anforderungen an weichmagnetische Sintermetalle
3. *Eimeke S.* und *Schmachtenberg E.*u.a.: Werkzeugauslegung am Nord- und Südpol in: Kunststoffe 97 (2007) 5, S. 5110–113, Carl Hanser Verlag, München
4. *Dörfler R.* und *Schmidt EW*: Magnet und Sensor lebenslänglich vereint inKunststoffe 101 (2011) 2, S. 34–36, Carl Hanser Verlag, München
5. *Kuhmann K.*, *Drummer D.* und *Ehrenstein G. W.*: Durch Verbundspritzgießen die Funktionalität erhöhen in Kunststoffe 89 (1999) 9, S. 112–116, Carl Hanser Verlag, München
6. *Drummer D.*: Verarbeitung und Eigenschaften kunststoffgebundener Dauermagnete. Dissertation Universität Erlangen-Nürnberg, 2004
7. *Krüger G.* und *Wagener M.*: Mikrocomposites mit Nanopartikeln. Plastverarbeiter 49 (1998) Nr. 3, S. 60–62
8. *Krüger G.* und *Wagener M.*: Mikrocomposites mit isolierten metallischen Nanopartikeln. GAK (1998) Nr. 2, S. 120–123
9. *Krüger G.*: Nanopartikel in Haftklebstoffen. Adhäsion 49 (2005) 6, S. 33–35
10. *Drummer D.* und *Messingschlager S.*: Sintermagnete aus einem Guss in Kunststoffe 104 (2014) 3, S. 100–103
11. *Stadler M.* und *Koos W.*: Spritzgegossene Dauermagnete in 2K-Technik in Kunststoffe 93 (2003) 7, S. 54–56, Carl Hanser Verlag, München
12. DIN IEC 60404-8-1:2008-06 Magnetische Werkstoffe – Teil 1: Einteilung

5 Prüfmethoden

Bei der Prüfung von Magneten in lösbaren Verbindungen sind zwei verschiedene Themen von Bedeutung: Einerseits ist die Haltekraft der ausschließlich magnetisch bedingten Verbindungen ein wichtiger Qualitätsparameter, andererseits sind bei den mit Haftklebstoffen selbstklebend ausgerüsteten Magnetbändern die Klebkraft oder die Klebfestigkeit wichtige Parameter für den Anwender. Bei der magnetischen Haltekraft ist es wichtig, die Einflüsse auf die Haltekraft messtechnisch zu erfassen, um so quantitative Entscheidungshilfen bei konkreten Anwendungen zu besitzen. Gerade aufgrund der vielen Einflussgrößen auf die Haltekräfte sind geeignete Prüfmethoden für die Abstimmung der Leistungsparameter zwischen Produzenten bzw. Verkäufer und Anwender von Bedeutung.

Bei der Beurteilung der Klebfestigkeit müssen die Einflüsse auf die Haftung zwischen Klebstoffschicht und der zu beklebenden Substratoberfläche bekannt sein, um die Haltbarkeit der Klebungen beurteilen zu können. Erschwerend kommt bei den Kunststoffen hinzu, dass die Palette der Kunststoffe sehr groß ist und selbst innerhalb eines Kunststofftyps noch mehrere Produkte mit unterschiedlichen Voraussetzungen für eine hohe Haftung existieren.

Neben der Haftung auf möglichst vielen Substraten ist die Haftung eines Klebstoffes auf den Magnetfolien ein wichtiges Qualitätsmerkmal, denn dieser Verbund sollte bei aufgeklebten Magnetteilen auf keinen Fall versagen. Die füllstoffreichen Magnetfolien sind für Haftklebstoffe trotz ihrer hohen Permanenthaftung eine Besonderheit, zumal die Oberflächen der Magnetfolien relativ uneben sein können, bei der Herstellung von Halbzeugen oder Spritzgießteilen auch Trennmittel eingesetzt werden und die Anwendungsgrenze zum Beispiel für Neodym-Magnete bei 120 °C liegt, obwohl in Spezifikationen auch Grenzen von –40 bis 150 °C angegeben werden. Die Einsatzgrenze der meisten Haftklebstoffe liegt um 100 °C. Bei Temperaturen über 100 °C sind die Haftklebstoffe so weich, dass sie praktisch keine Kräfte übertragen können. Da die Klebstoffe nicht ihre Klebfähigkeit verlieren, stellt sich bei geringeren Temperaturen wieder eine entsprechende Klebkraft ein. Daher können Haftklebverbindungen kurzzeitig auch über 100 °C thermisch belastet werden. Die Wechselbelastungen führen letztlich aber immer zu einer Verringerung der Klebkraft, sodass überhöhte Temperaturen nur selten vorkommen sollten.

Die Methoden zur Bewertung der Klebstoffschichten auf den eingesetzten Magneten und Magnetbändern sind mit den Methoden für Haftklebebänder, selbstklebenden Folien und Etiketten [4] vergleichbar.

5.1 Magnetische Haltekraft

5.1.1 Haltekräfte, Stirnabreißkräfte

Das Ziel aller mehrfach lösbaren Verbindungen ist die Gewährleistung einer bestimmten Haltekraft. Der Begriff Haftkraft ist aus physikalischer Sicht nicht sehr günstig, da Haftung im Ergebnis von Adhäsionsphänomenen entsteht und die Haftung im Vergleich zur Magnetkraft auf völlig anderen Grundlagen beruht.

Die Haltekraft ist eine wichtige Kenngröße von Dauermagneten und ferromagnetischen Stoffen und wird in technischen Spezifikationen immer wieder als Merkmal von Folien, Zuschnitten oder Bauteilen angegeben. Die maximale Haltekraft in einer Magnetverbindung entspricht gleichzeitig der Trennkraft, wenn sich zwei Dauermagnete, ein Dauermagnet mit ferromagnetischen Materialien oder mit Hart- und Weichferriten direkt berühren. Die Begriffe Haltekraft und Trennkraft können also gleichberechtigt verwendet werden.

Gemessen wird die Haltekraft, indem Magnete auf stabile Eisenplatten gesetzt und senkrecht dazu abgezogen werden. Dieser Versuch, der mit dem Zugversuch von Werkstoffen vergleichbar ist, entspricht auch dem Stirnabreißversuch, wie er zum Beispiel bei der Trennung von Sandwichverbindungen üblich ist. Mit diesem Versuch werden wie in der Klebtechnik auch die Festigkeiten von Verbindungen bestimmt, wenn definierte Stempel lotrecht von einer Oberfläche abgezogen werden. Auf diese Weise erhält man die Haftung der Stirnflächen verschiedener Stempel und beim kohäsiven Versagen von Klebverbindungen die Zugfestigkeiten der Klebstoffe. So wie bei Klebverbindungen die maximalen Kräfte im Moment des Versagens für die Berechnungen der Klebfestigkeiten herangezogen werden, ergeben bei Magnetverbindungen die maximalen Trennkräfte die jeweiligen Festigkeiten der Magnetverbindungen, wenn die Trennkräfte auf die Magnetfläche bezogen werden. Im Gegensatz zu den Klebverbindungen, die im Stirnabreißversuch meistens spontan versagen, können bei Magneten auch noch die Anziehungskräfte zwischen den Magneten und Eisenplatten in Abhängigkeit vom Abstand zueinander gemessen und mit geeigneter Software grafisch dargestellt werden.

Für die Messung der Trennkräfte im Moment der ersten Spaltbildung zwischen den Eisenplatten und Magneten gibt es geeignete Kraftmessdosen mit unterschiedlichen Messbereichen. Die Messwerte bei Stirnabreißversuchen reichen von wenigen Newton (N) bis zu mehreren hundert Newton, sodass man die Kraftmessdosen immer wieder den Messbereichen anpassen muss.

Der Stirnabreißversuch kann nach zwei Methoden durchgeführt werden. Die metallischen Magnete werden zwischen zwei geschliffene, steife Eisenplatten gelegt und so kontaktiert, dass der Spalt null ist. Für vergleichende Untersuchungen ist am Anfang des Versuches eine Druckvorspannung von 0,1 N/mm² günstig, um beim Stirnabreißversuch einen vollständigen Kontakt zwischen den oberen und unteren Bauteilflächen zu gewährleisten. Die Änderung der Kraft beim Trennen von Magnet und Eisenplatte zeigt Bild 5.1. Diese Methode entspricht nicht praktischen Bedingungen, denn bei den mehrfach lösbaren Verbindungen werden Magnete meistens senkrecht oder scherend vom magnetischen Untergrund abgezogen. Die Messmethode ist für relative Vergleichsmessungen und bei Untersuchungen unterschiedlicher Einflussgrößen aufgrund der leichten Probenherstellung gut geeignet. Gleichzeitig zeigt Bild 5.1 auch die hohe Reproduzierbarkeit der Messungen, da in Bild 5.1 sechs Kurvenverläufe dargestellt werden. Bei Trennversuchen zwischen zwei magnetischen Materialien ergeben sich höhere Trennkräfte im Vergleich zu Versuchen, bei denen magnetische Materialien nur von einer magnetischen Platte abgezogen werden.

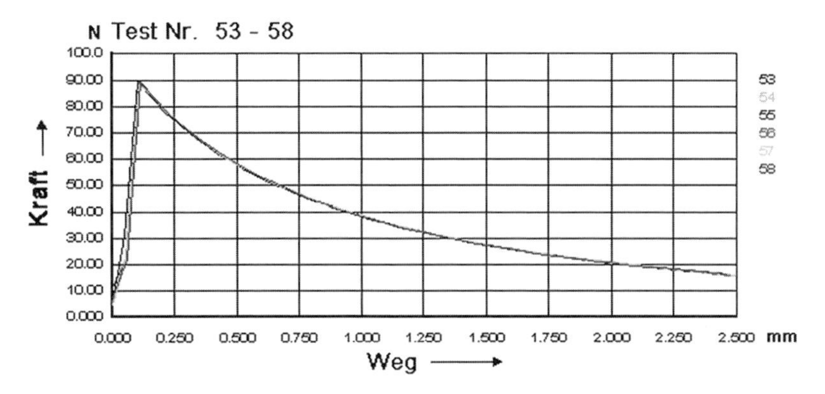

Bild 5.1 Haltekräfte eines metallischen Neodym-Magneten im Stirnabreißversuch zwischen zwei Eisenplatten, sechsfache Wiederholung, Prüfgeschwindigkeit 10 mm/min, Magnetfläche 400 mm², Magnetvolumen 0,8 cm³

Beim Stirnabreißversuch von einer Eisenplatte werden die Magnete auf eine nicht magnetische Platte, zum Beispiel eine Glasplatte, geklebt und beide auf eine geschliffene und steife Eisenplatte abgelegt. Nach der Einspannung in eine Prüfmaschine werden dann die maximalen Haltekräfte und die Kraftänderungen in Abhängigkeit von den Spaltabständen bestimmt. In Bild 5.2, Kurve 2, werden die Haltekräfte eines Barium-Strontium-Magnetbandes, das 89 Masse-% Ferrit-Pulver enthält, gezeigt. Die Stirnabreißkräfte erreichen bei einer Kontaktfläche von

25 cm² und bei einer Prüfgeschwindigkeit von 10 mm/min Haltekräfte von 10,55 ± 0,48 N/625 mm². Auch bei einer Prüfgeschwindigkeit von 100 mm/min liegen die Haltekräfte nur bei etwa 9 N/25 cm², Bild 5.2, Kurve 1. Im Gegensatz zur Klebtechnik, bei der die Bruchkräfte von Klebverbindungen mit der Prüfgeschwindigkeit steigen, sind die Trennkräfte praktisch nicht von der Prüfgeschwindigkeit abhängig. Die Trägheit der Datenverarbeitung führt dazu, dass die tatsächlichen maximalen Haltekräfte nicht aufgezeigt werden, denn die maximalen Kräfte werden bei 0,0 mm erreicht. Eine Extrapolation ergibt etwa 20 N/25 cm² und damit eine Haltefestigkeit von 0,8 N/cm².

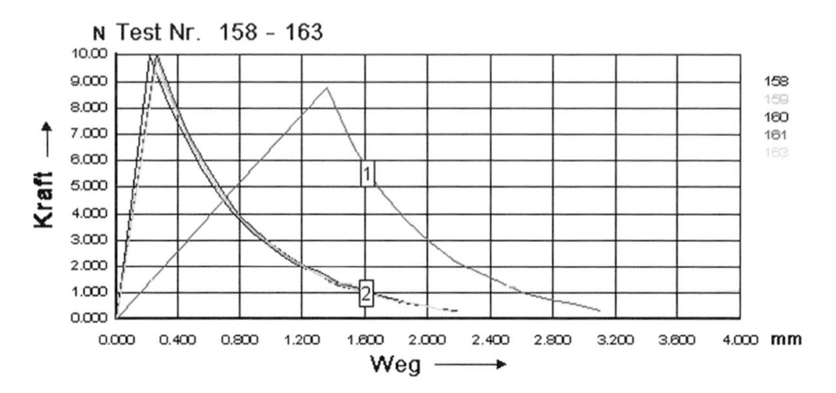

Bild 5.2 Haltekräfte im Stirnabreißversuch eines 1,5 mm dicken Magnetbandes auf einer Eisenplatte bei Prüfgeschwindigkeiten von 100 (1) und 10 (2) mm/min

Die beiden Messmethoden unterscheiden sich deutlich in den Absolutwerten der Haltekräfte und belegen die großen Unterschiede der Haltekräfte von kunststoffgebundenen Magnetfolien und metallischen Magneten. Die Haltekräfte ändern sich auch mit dem Magnetvolumen, der Magnetgeometrie und der Rauigkeit der Eisenplatten. Dünne Magnetplatten sind weniger geeignet als dicke Platten. Deshalb sollte bei Angaben zur Haltekraft genau beschrieben werden, wie die Kräfte gemessen wurden. Das gilt besonders für technische Spezifikationen und Datenblätter. Zwischen Lieferanten und Kunden können auch abgestimmte Prüfbedingungen festgelegt werden, die dann exakt einzuhalten sind. Geringe Änderungen der Prüfbedingungen bewirken teilweise große Änderungen der Haltekräfte. Wie sehr sich die Haltekraft ändert, wenn bei gleichem Magnetvolumen die Magnetfläche verdoppelt wird, geht aus Bild 5.3 am Beispiel eines Neodym-Magneten hervor.

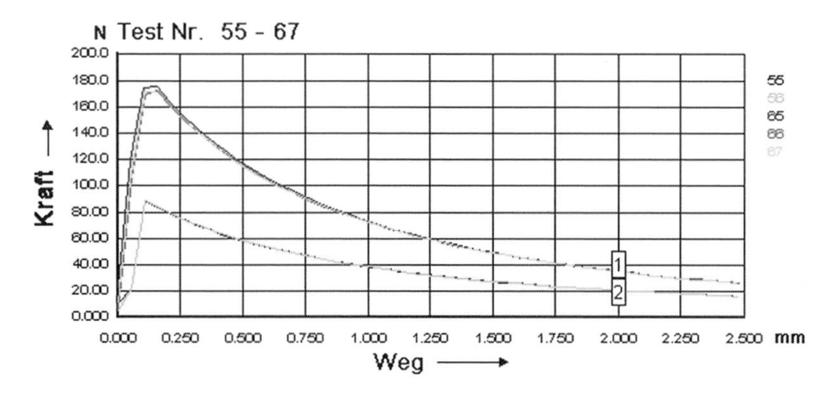

Bild 5.3 Haltekräfte eines Neodym-Magneten im Stirnabreißversuch, Magnetvolumen 0,8 cm^3, Kontaktfläche 200 und 400 mm^2, 1: zwei Magnete nebeneinander 2: zwei Magnete übereinander

Die maximalen Stirnabreißkräfte eines 1,50 mm dicken Magnetbandes mit einer Magnetfläche von 19 mm · 100 mm betragen bei einer Zuggeschwindigkeit von 5 mm/min:

- für Bänder ohne thermische Belastung: 8,16 N,
- für Bänder nach 6 h 100 °C: 8,35 N.

Das bedeutet, dass sich die Magnetkräfte kunststoffgebundener Ba-Sr-Magnete bei einer thermischen Belastung bis 100 °C nicht signifikant verändern.

In Tabelle 5.1 sind die Haltekräfte von metallischen Neodym-Magneten für verschiedene Randbedingungen zusammengestellt.

Tabelle 5.1 Haltekräfte von Neodym-Magneten bei verschiedenen Prüfanordnungen

Probenanordnung	Kontaktfläche/Magnetvolumen	Maximale gemessene Haltekraft
Fe-Magnet-Fe	200 mm^2/0,4 cm^3	82,6 ± 4,15 N
Fe-Magnet-Fe	400 mm^2/0,8 cm^3	172,5 ± 2,29 N
Fe-Magnet-Al	200 mm^2/0,4 cm^3	22,7 ± 0,82 N
Fe-Magnet-Al	400 mm^2/0,8 cm^3	58,9 ± 2,02 N

Wenn Stab- oder Flachgreifer Innengewinde besitzen, Bild 5.4 und Bild 5.5, können die Haltekräfte direkt beim lotrechten Abziehen von einer Stahlplatte gemessen werden. Wichtig ist ein flexibler Kraftfluss vom magnetischen Greifer zur Prüfmaschine, da schon geringste Verkantungen die Messergebnisse verfälschen. Die Magnetkraft des gummiummantelten Greifers in Bild 5.4 links ergibt sich aus der Anordnung von sechs Magneten, die in einer Metallscheibe fixiert werden. Abschließend wird die Kreisscheibe in einem Spritzgießprozess mit einem Elastomer umspritzt. Bei kleineren Stabgreifern wird der Magnet direkt umspritzt, Bild 5.4 rechts.

Bild 5.4 Stabgreifer mit Gewinde und Elastomerbeschichtung

Bild 5.5 Flach- und Stabgreifer mit eingebettetem Magnetmaterial

Das Bild 5.6 zeigt den Verlauf der magnetischen Feldlinien für die Greifer in Bild 5.4 links und in Bild 5.5 rechts und links. In Bild 5.5 rechts ist das magnetische Material blau hervorgehoben (Balken in der Mitte des Magnets) und in Bild 5.5 links bilden die Magnete den Kern der Greifer. Der Kern ist durch einen äußeren Bauteilmantel aus einem Kunststoffmaterial geschützt.

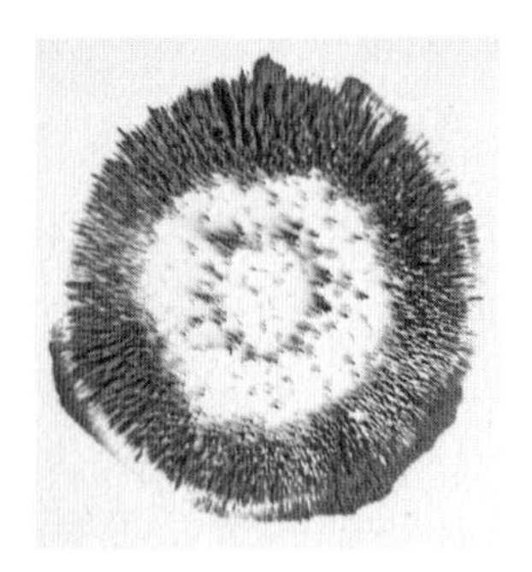

Bild 5.6 Beispiele der magnetischen Feldlinien in Greifern wie in Bild 5.4 und Bild 5.5

In Tabelle 5.2 sind die Haltekräfte im Stirnabreißversuch für Neodym-Magnete mit unterschiedlichen Kontaktflächen und Massen zusammengestellt.

Tabelle 5.2 Halte- oder Trennkräfte unterschiedlicher Magnetsysteme

Bezeichnung	Magnetkontaktfläche in mm^2	Masse[1] in g	Haltekraft in N	Variations-Koeffizient in %	Kraft/Masse in N/g
Greifer D22 gummiert	254	11,5	51,3	2,18	4,46
Greifer D43 gummiert	471	29,5	106,8	4,88	3,62
Stabgreifer D13-Nd	55	19,7	77,6	1,16	4,26
Stabgreifer D20-Nd	77	58,2	296,3	1,97	5,09
Flachgreifer D25-Nd	113	27,7	207,5	2,57	7,49
Flachgreifer D25 Hartferrit	346	20,2	38,4	5,10	1,90
Magnetsystem D22-Nd		51,6	51,3	2,18	0,99
Flachgreifer D32	415	45,9	320,9	3,64	6,99

[1] Die Masse entspricht der Gesamtmasse und nicht der Neodym- oder Ferritmasse im Magnet.

Die Zahlen nach den Bezeichnungen geben die Magnetdurchmesser an. Bei den Bauteilen G22 und G43 handelt es sich um Metalle mit Magneten, die durch einen „Elastomermantel" zusammengehalten werden. Zwischen dem spritzgegossenen Elastomer wie in Bild 5.4 und den Metallteilen kommt es nicht zu einem festen Verbund, da die beiden Materialien keine Bindungen an den Grenzflächen eingehen.

Die Messwerte in Tabelle 5.2 zeigen anschaulich die hohe Leistung von Neodym-Magneten im Vergleich zu den Hartferriten.

5.1.2 Magnetische Scherkräfte

Sobald die Magnete auf einer Magnetwand parallel zur Wand belastet werden, können die Magnete den Magnetkräften nachgeben und auf der Wand verrutschen. Solche ungewollten Bewegungen ergeben sich, wenn die Scherkräfte an der Kontaktfläche Magnet/Magnetwand größer sind als Magnetkräfte. Die zuverlässige Befestigung von Magneten, die meist in Form von kleinen Würfeln, Zylindern oder mit Kunststoff umspritzten Scheiben angeboten werden, ist von der Magnetstärke, dem Magnetvolumen, der Magnetfläche und der Rauigkeit von Magnet und Magnetwand abhängig. Bei optisch attraktiven Magnetwänden erhalten die Magnetflächen weiße oder farbige Lackierungen oder Beschichtungen aus Kunststofffolien. Selbst dekorative Glasscheiben werden verwendet, um anspruchsvolle Magnetwände zu gestalten. In allen Fällen reduzieren die Beschichtungen die Haltekräfte, da die Feldlinien der Magnete diese Schichten überwinden müssen und dabei an Magnetkraft verlieren. Der Kraftverlust ist vom Beschichtungsmaterial und der Schichtdicke abhängig. Bei Lacken gibt es die Möglichkeit, magnetische Partikel als „Füllstoff" einzusetzen, um so wieder die Haltekraft teilweise zu erhöhen.

Zum Nachweis der Haltekräfte bei scherender Beanspruchung eignen sich der Druck- und Zugscherversuch. Bei diesen Versuchen muss beachtet werden, dass die Druck- und Zugscherkräfte während der Versuche senkrecht zur Magnetwand wirken und möglichst keine Hebelkräfte (Momente) auftreten. Bei Hebelkräften würde ein Magnet von der Magnetwand schon bei sehr kleinen Kräften „kippen" und letztlich abfallen. Der Einfluss der Krafteinleitung bei Druck- und Zugscherversuchen auf die Messergebnisse gilt nicht nur für Magnetwände, sondern für alle wieder lösbaren Verbindungen.

5.1.2.1 Druckscherversuch

Ein Beispiel für den Kraft-Weg-Verlauf beim Druckscherversuch zeigt Bild 5.7 für 2 mm dicke Scheiben aus Neodym-Magneten mit einem Durchmesser von 10 mm, die mit einem Stempel auf einer Eisenplatte verschoben wurden. Nach der Überwindung der Haltekraft gleiten die Magnete auf der Eisenplatte mit einem typischen Kraft-Weg-Verlauf. Ein vergleichbarer Kurvenverlauf ist auch bei 1 mm dicken Scheiben mit 10 und 5 mm Durchmesser zu beobachten. Das Bild 5.8 zeigt die Schubkräfte von zwei rechteckigen Magneten, die aufgrund der größeren Kontaktfläche auch höhere Magnetkräfte erreichen.

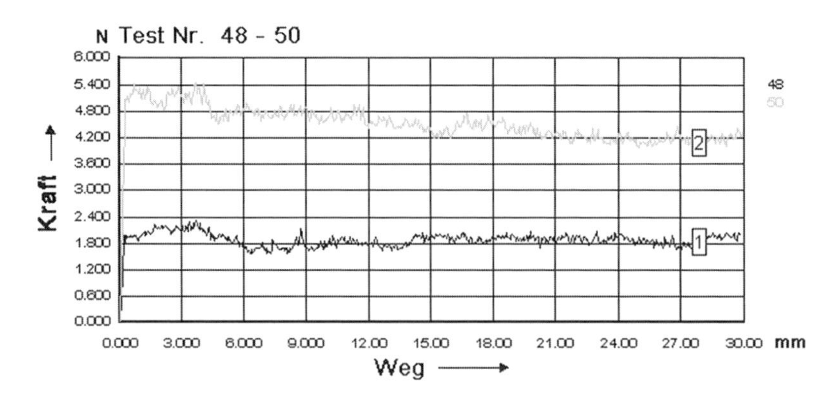

Bild 5.7 Schubkräfte beim Verschieben von Scheiben aus metallischen Neodym-Magneten, Durchmesser 10 mm, Kontaktfläche 78,5 mm² (1) und 157 mm² (2)

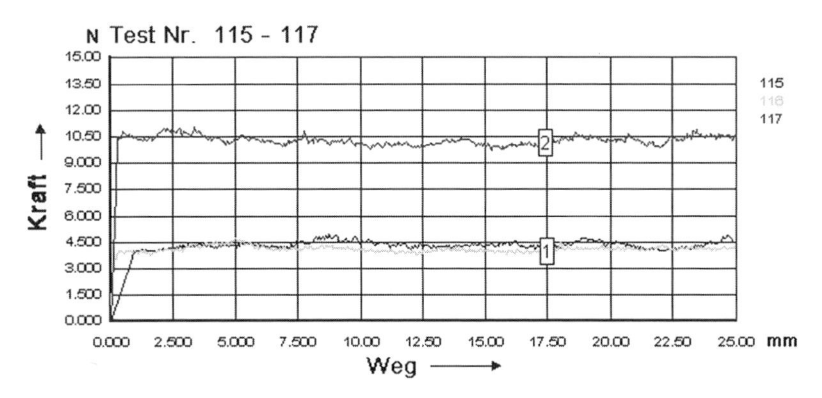

Bild 5.8 Scherkräfte beim Verschieben von 2 mm dicken Rechteck-Magneten, Kontaktfläche 200 mm² (1) und 400 mm² (2)

Die Verschiebung erfolgte mit einer Geschwindigkeit von 50 mm/min. In Tabelle 5.3 sind die Messergebnisse für verschiedene Magnete und für zwei Magnetbänder zusammengestellt. Es handelt sich um die Mittelwerte von 10 Einzelmessungen. Die Magnetfläche der Magnetbänder betrug 25 mm · 50 mm. Die hohe Streuung der Messwerte ist auf die Schwankung der Magnetkräfte von Magnet zu Magnet zurückzuführen. Bei der Mehrfachmessung eines Magneten beträgt die Streuung weniger als 5 % vom Mittelwert.

Auffällig sind die hohen Magnetkräfte bei der Verdoppelung der Kontaktfläche, die durchschnittlich bei 120 % des Ausgangswertes liegen, der für die halbe Fläche gemessen wird. Bei den kunststoffgebundenen Magnetbändern ist dieser Effekt nicht zu beobachten.

Tabelle 5.3 Scherkräfte von Neodym-Magneten auf einer Eisenplatte

Druckscherversuch	Quader 20 mm · 10 mm · 1,54 mm	Kreisscheibe D 10 mm · 2,00 mm	Kreisscheibe D 5 mm · 1,00 mm	Magnetband 25 mm · 50 mm
Scherfläche	200 mm²	78,5 mm²	78,5 mm²	1250 mm² 1,50 mm dick
Scherkraft in N	3,74 ± 0,34	1,77 ± 0,21	0,89 ± 0,12	1,18 ± 0,03
Vergrößerte Scherfläche/dickeres Magnetband	400 mm²	157 mm²	157 mm²	1250 mm² 2,0 mm dick
Scherkraft in N bei vergrößerter Scherfläche	9,43 ± 0,53	4,05 ± 0,35	1,83 ± 0,06	1,21 ± 0,17

Mit magnetischen Bauteilen wie in Bild 5.4 und Bild 5.5 werden für Stabgreifer Scherkräfte zwischen 12 und 39 N, für Flachgreifer zwischen 9 und 76 N erreicht.

Das Bild 5.9 zeigt den Kraftverlauf bei der mehrfachen Verschiebung einer 2 mm dicken Magnetfolie auf Eisenblechen. Die Magnetfolie wurde streifenförmig quer zur Prüfrichtung auf einer Breite von 20 mm 10 mal magnetisiert. Bei einer Magnetfläche von 1250 mm² schwanken die Haltekräfte zwischen 1,400 und 0,950 N.

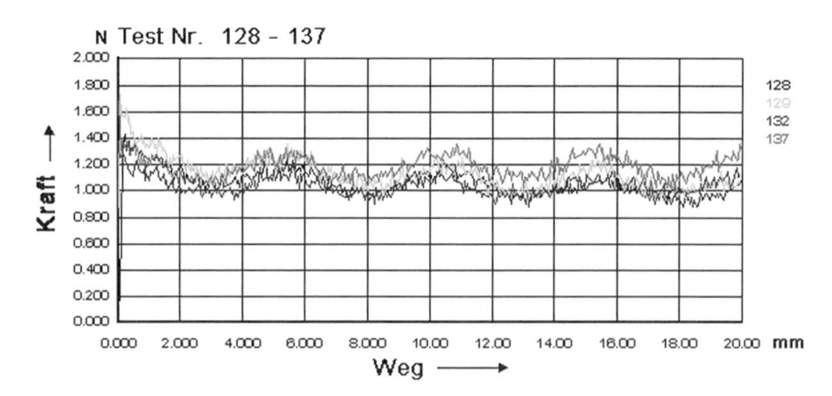

Bild 5.9 Druckscherversuch einer 2 mm dicken magnetisierten Barium-Strontium-Magnetfolie entlang einer Eisenplatte, Prüfgeschwindigkeit 50 mm/min

Der Druckscherversuch liefert bei senkrechter Verschiebung der Magnete mit einfachen Mitteln einen Hinweis über die Art und den Zustand der Magnetisierung, da die Magnete an senkrechten, geschliffenen Eisenplatten gut haften und unter Druck verschoben werden können. Vergleichbare Ergebnisse werden auch mit Magnetbändern von 1 mm oder 1,5 mm Dicke erreicht. Die Absolutwerte der Scherkräfte sind von der Magnetfoliendicke und der Magnetfläche abhängig. Auffällig ist der sinusförmige Kurvenverlauf, der die Magnetisierung bildlich wiedergibt, Bild 5.10. Es zeigt den Kraft-Weg-Verlauf beim Scheren einer 1,55 mm dicken Magnetfolie. Die Proben wurden in Fertigungsrichtung und quer zur Fertigungsrichtung auf einer Eisenplatte verschoben. Sie sind für je zwei Proben praktisch deckungsgleich, das heißt, diese Prüftechnik ist repräsentativ und gibt die Schubkräfte gut wieder.

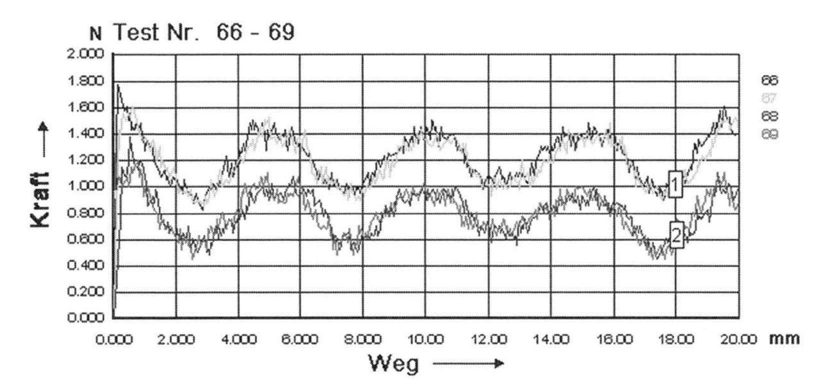

Bild 5.10 Druckscherversuch eines Magnetbandes 1,55 mm dick, 1: in Fertigungsrichtung Kontaktfläche 950 cm^2, 2: quer zur Fertigungsrichtung Kontaktfläche 475 cm^2

Die Magnete zur Befestigung von Informationen auf Magnetwänden erreichen in Abhängigkeit von der Magnetfläche zum Beispiel auf Eisenplatten folgende Scherkräfte:

- runde Magnete mit 188 mm^2 Kontaktfläche: 0,79 ± 0,03 N,
- runde Magnete mit 670 mm^2 Kontaktfläche: 1,36 ± 0,31 N,
- runde Magnete mit 960 mm^2 Kontaktfläche: 3,05 ± 0,38 N.

Bei Glasmagnetwänden befindet sich hinter der Glaswand ein Stahlblech, das für den Magneteffekt sorgt. Die Haftmagnete erhalten auf der Magnetseite Abdeckungen aus Velours oder werden mit einem Elastomer umspritzt, um so Kratzer zu vermeiden. Solche Magnete erreichen 0,53 ± 0,09 N für eine Kontaktfläche von 960 mm^2, das heißt, dass durch die Glasdicke und den Magnetabstand zur wichtigen Stahlblechseite die Magnetkraft von 3,05 auf 0,53 N deutlich verringert wird.

Für die Sicherheit bei der Nutzung von Magnetwänden, insbesondere der dekorativen Magnetwände mit Glas als Sichtseite, sind die „Ausreißer" bei den Verschiebungen wichtig. Sie bestimmen den Minimalwert und damit, ob ein Magnet haftet oder sich der Schwerkraft folgend bewegt. Die Scherkräfte an einer Glasmagnetwand schwanken je nach Magnetgröße und Haltekraft für runde Magnete:

- bei einer Kontaktfläche von 188 mm^2: zwischen 1,30 und 0,50 N,
- bei einer Kontaktfläche von 670 mm^2: zwischen 2,13 und 1,28 N,
- bei einer Kontaktfläche von 960 mm^2: zwischen 3,48 und 2,80 N.

5.1.2.2 Zugscherversuch

Scherkraftmessungen gehören zum Standard, um die Haftung von Verbindungen zu messen. Für Magnete gibt es mehrere Varianten:

1. Zwei Magnetfolien werden zusammengelegt und gegeneinander verschoben.
2. Eine Magnetfolie wird auf einem magnetischen Untergrund bewegt. Dafür eignen sich alle Eisenbleche oder -platten mit glatter Oberfläche.

3. Metallische Magnete werden zwischen zwei magnetischen Flächen bewegt.
4. Metallische Magnete werden einzeln auf magnetischen Untergründen bewegt.

Neben den vier Messverfahren gibt es auch noch die verschiedenen Magnetisierungsvarianten, die im Scherversuch zu unterschiedlichen Messergebnissen führen. Die Magnetfolien können isotrop oder anisotrop magnetisch sein, und die Magnetkräfte der Streifenmagnetisierung können in Richtung oder quer dazu gemessen werden. Selbst die Haltekräfte auf der Gegenseite der Magnetfolien kann eine Messgröße sein, denn bei isotropen Folien kann die Haltekraft praktisch null sein.

5.1.2.2.1 Magnetfolien

Wenn entsprechend Punkt 1 (Abschnitt 5.1.2.2) zwei Magnetfolien mit den magnetisierten Seiten überlappend zusammenlegt werden, stellen sich in Abhängigkeit vom Magnettyp und der Magnetisierung Haltekräfte ein, die beim scherenden Ziehen der Folien typische Kraft-Weg-Diagramme ergeben, Bild 5.11. Eine Streifenmagnetisierung kann in Richtung der Zugbeanspruchung vorhanden sein oder quer dazu. Bild 5.11 ist ein Beispiel für streifenförmige Quermagnetisierungen. Dabei überqueren die Magnetbereiche Linien mit gleicher und ungleicher Polung, das heißt, die Magnetfolien ziehen sich an und stoßen sich ab. Für die Kraftmessung ergeben sich beim ständigen Wechsel von Anziehung und Abstoßung auch negative Kraftwerte. Der Abstand der maximalen Kraftwerte beschreibt sehr genau die Abstände der Streifenmagnetisierung. Durch die Versuchsanordnung können die negativen Kräfte gesteuert werden.

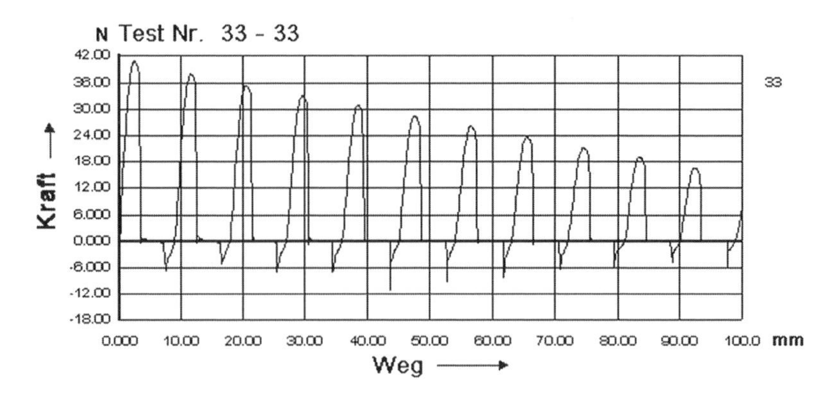

Bild 5.11 Kraftverlauf beim Zugscherversuch von 1,5 mm dicken anisotropen Ba-Sr-Magnetfolien mit Streifenmagnetisierung quer zur Prüfrichtung, Probenbreite 25 mm, Kontaktfläche 250 cm^2, Magnetvolumen 50 cm^3, Prüfgeschwindigkeit 100 mm/min

Bei einer Übereinstimmung von Bewegungs-, Magnetisierungs- und Fertigungsrichtung entspricht der typische Kraft-Weg-Verlauf für die Schubkräfte den Kurven wie in Bild 5.12. Der Zugscherversuch ist daher eine einfache Methode, um die Haltekräfte bei unterschiedlicher Magnetisierung sichtbar zu machen. Bei den Versuchen mit Magnetfolien ist es wichtig, die Kontaktfläche am Anfang der Versuche oder die Überlappungslänge und Probenbreite anzugeben, denn bei einer Verschiebung von 50 mm sind der Anfangswert und die Verringerung der Scherkräfte von der Kontaktfläche bzw. der Überlappungslänge abhängig.

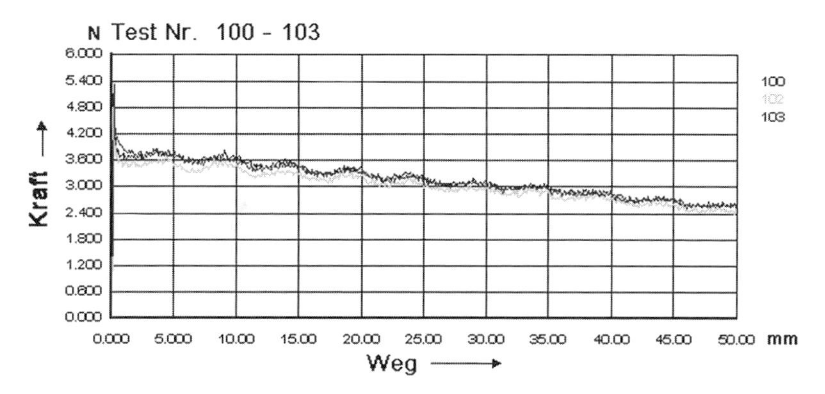

Bild 5.12 Zugscherversuch von kunststoffgebundenen Ba-Sr-Magnetfolien auf Eisenblech

Der Kraftverlauf in Bild 5.12 entspricht dem Versuchsaufbau, wie er in Punkt 2 (Abschnitt 5.1.2.2) angegeben ist. Dabei werden Magnetfolien auf Eisenblechen fixiert und relativ zueinander verschoben. Die drei Kurven in Bild 5.12 ergeben sich für drei Magnetfolien, die 19 mm breit und 1,50 mm dick waren. Am Versuchsanfang betrug die Kontaktfläche 28,5 cm^2. Die Proben wurden mit 100 mm/min um 50 mm verschoben. Die Streuung der Messungen ist gering, sodass der Kurvenverlauf repräsentativ für die Magnetfolien ist.

Der wellenartige Kraftverlauf ist ein Ausdruck für die streifenförmige Polarisation der Magnetfolien. Eine thermische Belastung der Magnetfolien bis 120 °C beeinflusst den Kraftverlauf beim Zugscherversuch nicht.

Wenn Magnetfolien mit Eisenblechen oder anderen magnetischen Blechen verbunden und von den Blechen abgezogen werden, müssen wichtige Einflüsse auf die Scherkräfte wie die Kontaktflächen, die Verschiebungslängen, die Magnetisierungsgrade und die Magnetisierungsanordnungen bei der Interpretation der Messergebnisse berücksichtigt werden. Empfehlenswert sind 40 bis 50 mm breite und mindestens 2 mm dicke Stahlbleche mit geschliffenen Oberflächen und konstanten Rautiefen. Die Oberflächen müssen nach mehreren Versuchen mit Lösemitteln gereinigt werden, um gleichbleibende Prüfbedingungen zu gewährleisten. Spannungsfreie Verschiebungen von 25 mm breiten Magnetfolienstreifen ergeben sich, wenn die Stahlbleche flexibel und im einfachsten Fall über Haftklebebänder mit der Prüfmaschine verbunden werden. Für 190 mm lange und 25 mm breite Proben ergeben sich Kurven wie in Bild 5.13. Die Kurven in Bild 5.14 und Bild 5.15 sind bei folgenden Randbedingungen entstanden:

- Kontaktfläche: 25 mm · 150 mm,
- Magnetisierung: anisotrop, isotrop,
- Verschiebung: 50 mm,
- Prüfgeschwindigkeit: 100 mm/min.

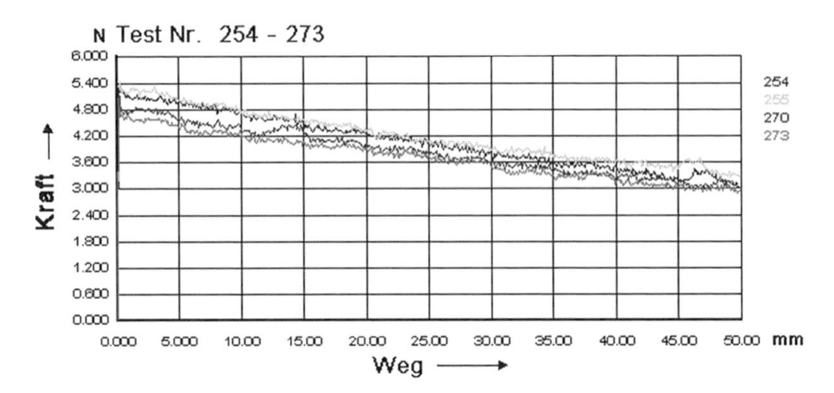

Bild 5.13 Zugscherversuch von 1,5 mm dicken Magnetfolien auf Eisenblechen, Folien mit und ohne Wärmebehandlung

Der Magnetisierungszustand lässt sich auch mit Zugscherversuchen auf Eisenblechen gut sichtbar machen. Bild 5.14 und Bild 5.15 zeigen das Verhalten von isotrop und anisotrop magnetisierten Folien, deren Absolutwerte sich erwartungsgemäß deutlich unterscheiden.

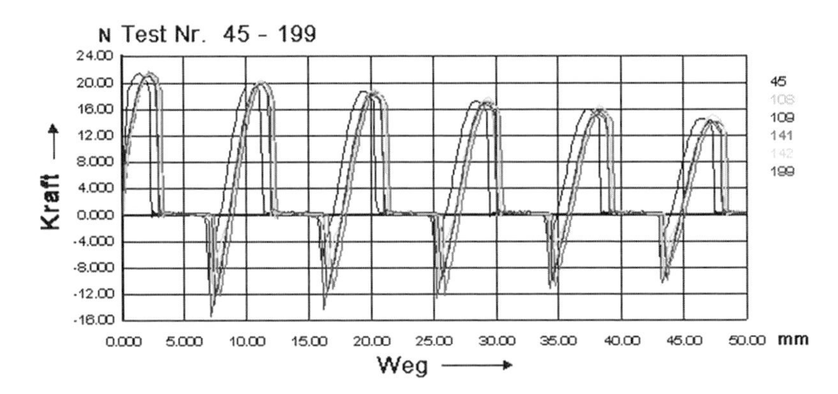

Bild 5.14 Scherkraftverlauf bei der Verschiebung von kunststoffgebundenen isotropen Magneten auf Eisenblechen

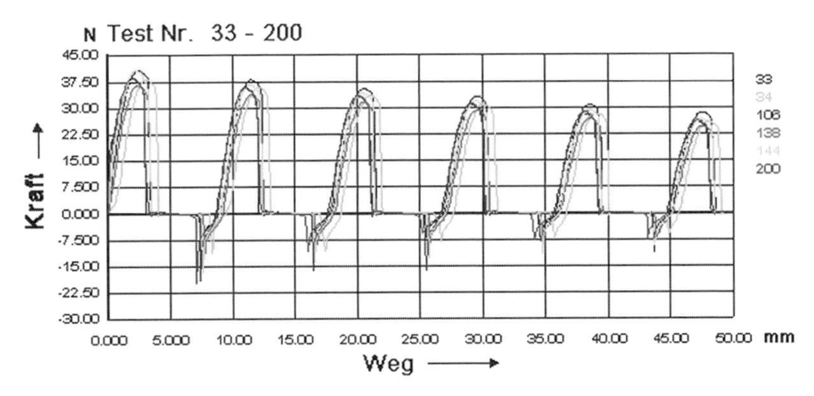

Bild 5.15 Scherkraftverlauf bei der Verschiebung von kunststoffgebundenen anisotropen Magneten auf Eisenblechen

5.1.2.2.2 Metallische Magnete

Beim Zugscherversuch nach Punkt 4 (Abschnitt 5.1.2.2) werden metallische Magnete auf magnetischen Materialien verschoben. Bild 5.16 zeigt den Kurvenverlauf, wenn sich die metallischen Magnete auf einer dicken Eisenplatte befinden und mit einem flexiblen, nicht magnetischen Band verbunden sind. Die flexible Einspannung gewährleistet eine biegemomentenfreie Messung. Die Magnete bestehen aus N35-Mischungen mit einer Energiedichte von 275 kJ/m³.

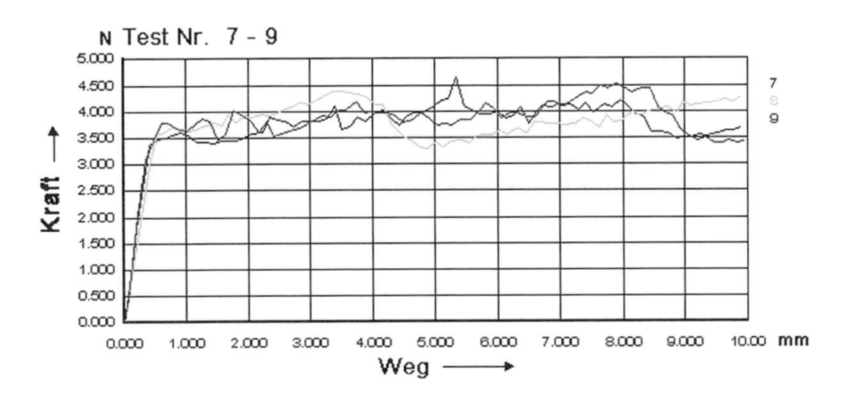

Bild 5.16 Scherkräfte von NdFeB-Magneten auf einer Eisenplatte, Magnetfläche 200 mm²

Bei Scherversuchen nach Punkt 3 (Abschnitt 5.1.2.2), bei denen magnetische Bleche wie beim Scherversuch von Klebverbindungen relativ zueinander verschoben werden und der Magnet quasi den Klebstoff darstellt, ergeben sich ähnliche Diagramme wie in Bild 5.16. Die magnetischen Scherkräfte erreichen aber höhere

Absolutwerte gegenüber der Messung wie in Bild 5.16 gezeigt. Die Ergebnisse der Zugscher- und Druckschermessungen von Neodym-Magneten stimmen gut überein. Weitere Einflüsse auf die Scherkräfte werden in Kapitel 6 behandelt.

5.2 Flussdichte und Feldstärke

Zur Messung der magnetischen Flussdichte und magnetischen Feldstärke werden Gaußmeter eingesetzt, die die Größen im magnetischen Wechsel- und Gleichfeld bestimmen. Zwischen beiden Messgrößen besteht ein linearer Zusammenhang. Der Umrechnungsfaktor ist die Permeabilitätskonstante.

Gaußmeter gibt es als Handgeräte, die mit Batterien betrieben werden und dann kleine transportable Geräte sind. Die Handgeräte haben nur einen begrenzten Messbereich, der bis etwa 5 T reicht. Die Messbereiche sind abgestuft und besitzen dann unterschiedliche Messgenauigkeiten bzw. Auflösungen. Je nach Messbereich und Prüfmethode liegen die Ungenauigkeiten zwischen 0,5 und 2 % der Messbereiche.

So werden bei einem Messbereich von 0 bis 5 T die Messwerte mit 1 mT genau abgelesen, bei einem Messbereich von 0 bis 100 mT mit 10 µT.

Mit einem Gaußmeter werden die Flussdichte und Feldstärke in A/m, Gauß und Oersted gemessen und angezeigt. Bild 5.17 und 5.18 zeigen typische Gaußmeter als stationäre Geräte oder Handgeräte. Sie besitzen USB-Anschlüsse, sodass alle Werte auf einem PC oder Tablet übernommen werden können. Die Handgaußmeter sind batteriebetriebene Messgeräte und dadurch transportabel und überall einsetzbar.

Bild 5.17 Gaußmeter IGM 11 für Industrieeinsatz [Quelle: MAGSYS magnet systeme GmbH]

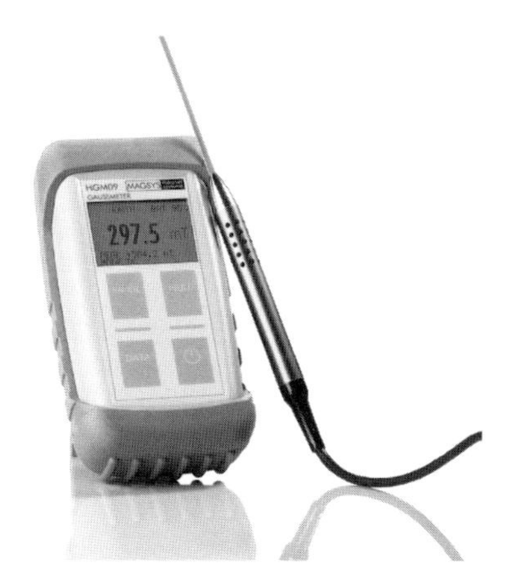

Bild 5.18 Handgaußmeter [Quelle: MAGSYS magnet systeme GmbH]

Die Geräte unterscheiden sich durch die Messbereiche, die Auflösung und durch die Zusatzfunktionen wie die Aufnahmen von Spitzenwerten, die Kalibrierung (Nullabgleich) oder die Signalisierung von Grenzwerten. Die Ungenauigkeiten hängen wieder von den Messbereichen ab und liegen bei guten Geräten zwischen 0,5 und 2 % des Messbereiches.

Fluxmeter sind vergleichbare Geräte, die neben den Flussdichten und Feldstärken auch die magnetischen Dipolmomente und die Polarisationen messen, Bild 5.19.

Für die Überprüfung der magnetischen Eigenschaften müssen die DIN 50460 [1], die DIN 50472 [2] und die DIN EN 60404-14:2003-02 [3] beachtet werden.

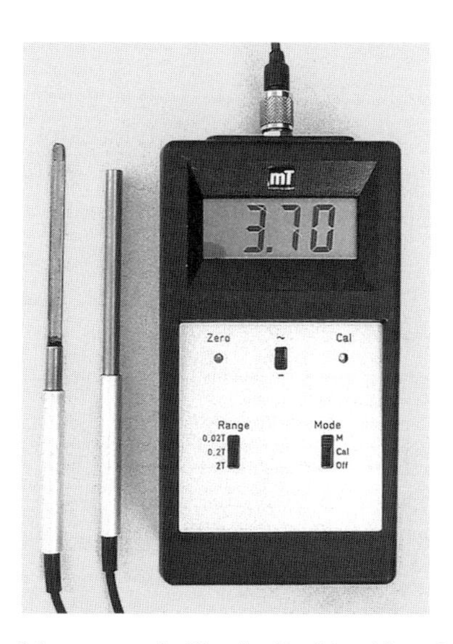

Bild 5.19 Handliches Feldstärkemessgerät [Quelle: Fa. Mag Mess Ballanyi]

5.3 Haftung und Festigkeit selbstklebender Magnetfolien

5.3.1 Zugscherfestigkeit

Die Zugscherfestigkeit nach DIN EN 1465 ist in der Klebtechnik das wichtigste Prüfverfahren, um die Haftung und die Klebfestigkeit zu bestimmen. Am häufigsten wird die einschnittige Überlappung von zwei Proben aus Metallen oder Kunststoffen gewählt, um die Festigkeit von Klebstoffen für verschiedene Materialien oder die Stabilität von Klebungen bei verschiedenen Einflüssen zu messen. Das Messprinzip zeigt Bild 5.20.

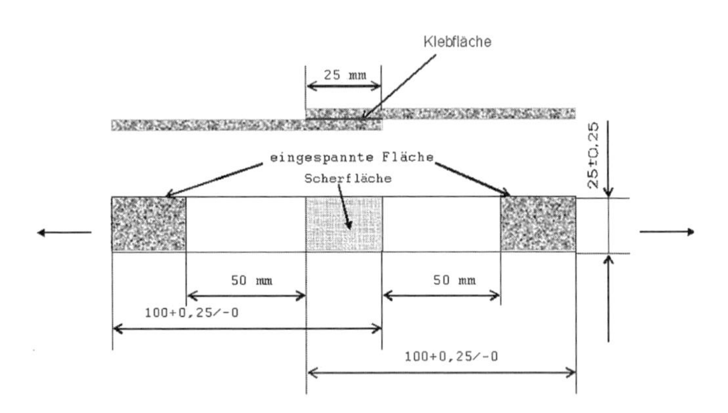

Bild 5.20 Überlappende Zugscherprüfung nach DIN 1465

Die Zugscherprüfung lässt sich in Anlehnung an die DIN EN 1465 für viele Anwendungen modifizieren. So können die Folien, Bänder oder Formteile zur Ermittlung der Haftung der aufgetragenen Klebstoffe mit den Materialien überlappend verklebt werden, auf denen die Magnete oder die Magnetfolien halten sollen, um dann die Haftkraft bestimmen zu können. Die Klebfläche bei Haftklebstoffen beträgt häufig 25 mm · 25 mm. Bei dünnen Magnetfolien und hoher Haftung mit chemisch reaktiven Klebstoffen ist es sinnvoll, die Überlappung auf 25 mm · 12,5 mm zu begrenzen. Bei Magnetfolien unter 1 mm Dicke liefert der Zugscherversuch keine aussagefähige Ergebnisse, da die hochgefüllten Magnetfolien nur Zugfestigkeiten von 5 bis 7 N/mm^2 erreichen, also schon bei geringen Zugkräften reißen. So beträgt die Reißkraft eines 1,5 mm dicken und 19 mm breiten Magnetbandes bei einer Überlappung von 25 mm 150 N, das entspricht einer Folienfestigkeit bei Zugbeanspruchung von 5,26 N/mm^2. Diese Reißkraft wird unabhängig vom zu beklebenden Material (lackierte Bleche, Stahlbleche, Aluminiumbleche, CrNi-Bleche) erreicht. Um auch bei sehr dünnen Magnetfolien die Haftung zu messen, kann die

Rückseite der Folie durch eine selbstklebende Polyesterfolie verstärkt werden. Dadurch wird eine größere Dehnung der Magnetfolie vermieden. Solche Haftungsmessungen dienen nur bei gleichen Randbedingungen zum Vergleich, da sie zu völlig anderen Messwerten im Vergleich zur Norm DIN EN 1465 führen. Auch bei höheren Temperaturen ist eine Rückseitenverstärkung sinnvoll, da sonst keine Haftungswerte messbar sind oder nur die geringe Eigenfestigkeit der Magnetfolien. Die Rückseitenverstärkung simuliert annähernd die flächige Befestigung der Magnetfolien mit Klebstoffen, sodass die Zugschermessungen mit „Fixierung" der Magnetfolien den Praxisbedingungen relativ nahe kommen.

Bei Eisenblechen mit weichmagnetischen Eigenschaften, auch als ferromagnetische Eisenbleche bezeichnet, ist keine Rückseitenverstärkung notwendig, sodass die Klebkräfte direkt messbar sind.

Für Magnetfolien oder für Magnetplatten kann der Versuch so modifiziert werden, dass eine Probenhälfte aus einer magnetischen Folie oder Platte hergestellt wird und das Gegenstück aus jedem beliebigen anderen Material besteht, sofern dieses Material nur ausreichend fest ist. In allen Fällen liefern auch Zugscherversuche nach DIN EN 1465 Aussagen über die Haftung von Magnetfolien, wenn zwischen zwei Substraten 25 mm · 25 mm kleine Abschnitte von Magnetfolien geklebt werden. In diesem Fall ergeben sich Sandwiches mit den Magnetfolien als Kernmaterial und den verschiedenen Substraten als Deckfolien. Dadurch ergeben sich vier Grenzschichten, sodass die Schwachstellen oder die Belastbarkeit der Verbindungen schnell sichtbar werden. So kommt es bei Al-Scherproben nach Bild 5.20 mit 0,75 mm dicken Magnetabschnitten zwischen zwei Proben mit einem zweikomponentigen PUR-Klebstoff bei über 1100 N/625 mm^2 zum Bruch im Magnetmaterial, mit EP-Harzen bei 300 N/625 mm^2 zum adhäsiven Versagen an der Aluminiumoberfläche, wenn die Al-Proben nicht gesondert vorbehandelt werden. Die glatte magnetisierte Seite ist im Allgemeinen die Seite mit der geringsten Haftung. Unabhängig davon kommt es aufgrund der guten Haftung vor allem zum Materialbruch im Magnetmaterial.

Neben den Magnetfolien gibt es ferromagnetische Eisenbleche, die auch mit Klebstoffen beschichtet sind und deren zuverlässige Haftung auf möglichst vielen nicht magnetischen Oberflächen wichtig ist. Die Eisenbleche sind leicht magnetisierbar und verstärken dadurch die magnetischen Haltekräfte.

Die Tabelle 5.4 enthält die Klebkräfte von Magnetfolien (Nr. 1 und 2), die mit einem doppelseitigen Acrylat-Haftklebeband mit der Bezeichnung A70 auf Aluminium geklebt wurden. Bei Probe Nr. 3 handelt es sich um eine selbstklebende Magnetfolie mit einer Acrylatklebstoffbeschichtung, die ebenfalls auf Aluminium geklebt wurde. Nr. 4 und 5 sind durch die Klebstoffbeschichtung sogenannte selbstklebende Eisenbleche (SK-Bleche), die auch auf Aluminium geklebt wurden. Diese SK-Eisenbleche lassen sich auch mit einem Acrylathaftklebeband miteinander verbinden. Die Trägerfolie des Acrylatklebebandes für die Folien Nr. 1 und 2 und für das Kleben unbeschichteter ferromagnetischer Eisenbleche miteinander (Probe Nr. 6) ist eine weichmacherhaltige PVC-Folie. Probe Nr. 3 ist mit einem doppelseitigen Haftklebeband mittels Kaschiertechnik beschichtet worden. Daher wird bei Zugschermessungen einerseits die Haftung der Klebstoffbeschichtung auf verschiedenen Substraten bewertet, andererseits auch die Haftung der Klebstoffschicht auf der Magnetfolie. Die Magnetfolie Nr. 4 ist ein ferromagnetisches Eisenblech mit einer 1 mm dicken Polyethylenschaumbeschichtung, die wiederum mit einem Haftklebstoff beschichtet ist, sodass dieses Magnetband schalldämmend auf vielen Flächen aufgeklebt werden kann. Die Proben Nr. 5 bestehen aus ferromagnetischen Blechen mit einer Schutzbeschichtung aus weißem PVC-P und einer Acrylatklebstoffbeschichtung auf der Rückseite. Die Bleche können überall dort angebracht werden, wo keine magnetischen Untergründe vorhanden sind, wie zum Beispiel auf glattem Mauerwerk, Holzkonstruktionen, Türen, Glasvitrinen u. ä.

In Tabelle 5.4 sind in den Klammern die Klebkräfte ohne eine Primeranwendung angegeben. Erwartungsgemäß steigen die Klebkräfte bei allen untersuchten geprimerten Materialkombinationen an. Bei den Magnetfolien ist die Haftung des Acrylatklebstoffes so groß, dass es frühzeitig zum Materialbruch kommt. Mit einer Rückseitenverstärkung durch eine selbstklebende Polyesterfolie steigen die Scherkräfte deutlich an. Bei höheren Scherkräften, zum Beispiel bei -15 °C, müssen auf die Rückseite der Magnetfolien dünne Bleche aufgeklebt werden.

Tabelle 5.4 Scherkräfte von Magnetfolien, selbstklebenden ferromagnetischen Blechen und ferromagnetischen Blechen, Fügepartner: Aluminium, Klebstoff: doppelseitiges Haftklebeband A70

Nr.	MF: Magnetfolie E: Eisenblech	Scherkraft bei 23 °C in N	Scherkraft bei 70 °C in N	Scherkraft bei -15 °C in N
1	MF 0,8 mm, A70	332,1[1] (277,6[1])	36,8 (34,9)	1210[4] 233,0[1,2]
2	MF 2,0 mm, A70	312,6[1] (154,7)	87,9 (38,5)	971,6[4] (1282[4])
3	MF 1,55 mm, SK-A	272,9 (338,9[1])	111,6 (101,7)	487,7 (426,8[2])
3	MF 1,55 mm, A70	207,6 (274,2[1])	(47,2[1]) (47,2[1])	521,5[1] (492[1])
4	E 0,2 mm + Schutzschicht, SK-A	69,9 (32,4)	34,4 (23,2)	786,0 (592)
5	E 0,2 mm mit PE-Schaum, SK-A	103,0[3] (108,9)	67,1[3] (61,4)	172,1[3] (161,8[3])

[1] flexible Rückseitenverstärkung
[2] Materialbruch
[3] Schaumstoffkohäsion
[4] steife Rückseitenverstärkung

Nr.	MF: Magnetfolie E: Eisenblech	Scherkraft bei 23 °C in N	Scherkraft bei 70 °C in N	Scherkraft bei -15 °C in N
6	E 0,2 mm, SK-A	72,3 (33,6)	72,3 (33,6)	923,9 (817,4)
7	E 0,2 mm, A70	437,7 (337,5)	287,6 (232,9)	1081,0 (744,9)

[1] flexible Rückseitenverstärkung
[2] Materialbruch
[3] Schaumstoffkohäsion
[4] steife Rückseitenverstärkung

Neben den Acrylathaftklebstoffen sind die Haftklebstoffe auf Kautschukbasis die wichtigsten Klebstoffe, da sie flexibel sind und auf vielen Werkstoffen haften. Bei Klebungen von Aluminium mit kaschierten PVC-P-Schutzschichten auf ferromagnetischen Blechen unter Verwendung eines Kautschuk-Haftklebebandes (wie z. B. K 49) muss berücksichtigt werden:

- Dass die Klebungen bei 23 °C adhäsiv am Aluminium versagen, wenn keine Haftvermittler eingesetzt werden.
- Dass die Klebungen bei -15 °C kohäsiv versagen, wenn die Proben mit einem Haftvermittler beschichtet werden. Die Scherkräfte liegen bei 380 N/312 mm^2.
- Dass die Klebungen bei 70 °C adhäsiv auf der Schutzfolie bei 34,9 N versagen, das heißt, die Kautschukklebstoffe haften sehr gut bei niedrigen Temperaturen und bei Raumtemperaturen auf den PVC-P-Schutzschichten. Bei 70 °C werden sie sehr weich und versagen auf PVC-P. Die geringe Haftung kann auch auf eine Weichmacherwanderung in Richtung der Grenzschicht Schutzfolie-Klebstoff zurückgeführt werden.

Vergleichbare Ergebnisse gelten für lackierte Oberflächen, PVC und PP.

Die Alternative zu Kautschukklebebändern sind doppelseitige Haftklebebänder mit Acrylatklebstoffen. Mit einem Acrylatklebstoff (Kenn-Nr. A70) werden im Zugscherversuch nach DIN EN 1939 hohe Klebfestigkeiten erreicht:

- bei 23 °C für unbehandeltes Aluminium: 429 N/312 mm^2, Kohäsionsversagen,
- bei 70 °C für unbehandeltes Aluminium: 193,1 N/312 mm^2 Kohäsionsversagen,
- bei -15 °C für unbehandeltes Aluminium: 894,4 N/312 mm^2 Delaminierung.

Da in allen Fällen die Kohäsion des Klebstoffes die Klebfestigkeit bestimmt, ist eine Differenzierung der Haftung nicht möglich. Damit wird auch bei diesen Versuchen sichtbar, dass nicht die Schubfestigkeiten in den Grenzschichten zwischen dem Klebstoff und dem Substrat die Messwerte bestimmen, sondern die „Klebfestigkeit" eher der maximalen Schubspannung in der Klebstoffschicht entspricht. Die hohe Haftung an den Schutzschichten wird auch mit dem Schälversuch nach FTM 1 bestätigt, wenn doppelseitige Haftklebebänder appliziert werden und die Schälkraft ermittelt wird. Dazu müssen auf die Klebstoffschicht PET- oder andere Folien aufgetragen werden, die nach 24 h, besser nach 72 h im 180 °-Schälversuch wieder abgezogen werden. Die Schälkräfte liegen dann bei 16 N/25 mm.

Zum Zubehör von Haftmagneten und Magnetfolien gehören ferromagnetische Bleche, die selbstklebend und mit Schutzfolien oder dünnen Schaumstofffolien beschichtet sind. Die Eisenbleche sind häufig 0,2 mm dick und daher relativ flexibel. Die Eisenbleche mit Klebstoffschichten müssen besonders auf Magnetfolien, unbeschichteten ferromagnetischen Blechen oder anderen Metallen haften. Unbeschichtete Eisenbleche können mit externen Klebstoffen bzw. Klebebändern geklebt werden. Haftklebebänder eignen sich besonders gut für solche Verbindungen, da häufig ausreichend Klebflächen vorhanden sind, die Klebungen sofort weiterverarbeitbar sind und die Applikation keine besonderen Geräte und kein speziell geschultes Personal erfordert. Sofern die Schaumstoffbeschichtungen auf Aluminium, lackierte Oberflächen oder weichmacherfreies PVC geklebt werden, bestimmt die Eigenfestigkeit der PE-Schäume die Belastbarkeit der Klebungen.

Mit 1,5 mm dicken Ba-Sr-Magnetfolien und einem Acrylathaftklebstoff werden auf Aluminium bei einer Klebfläche von 312 mm^2 und mit einer Rückseitenstabilisierung (selbstklebende Polyesterfolie) folgende Klebkräfte erreicht:

- bei 23 °C: 274,2 N,
- bei 70 °C: 45,0 N, Adhäsionsversagen,
- bei –15 °C: 521,5 N.

Geeignete Klebstoffe für Magnetfolien sind Cyanacrylatklebstoffe, auch als sogenannte Sekundenklebstoffe bekannt, Epoxidharze und Zwei-Komponenten-Polyurethane. Die Cyanacrylate haften gut auf den Magnetfolien und vielen Substraten und reagieren schnell. Die Klebungen sind nach etwa 5 min bei einem Kontaktdruck von 0,5 bis 1 MPa belastbar. Wenn auf 2 mm dicke Magnetfolien Aluminiumproben geklebt werden, versagen die Verbindungen mit dem Cyanacrylatklebstoff XF 100 (3M Deutschland, Neuss) erst bei Scherkräften von 1280 N/312mm^2. Voraussetzung ist eine Rückseitenverstärkung, da sonst die Magnetfolien bei 400 N reißen. Ohne Rückseitenverstärkung beim Verbinden von zwei gleichen 1,5 mm dicken Magnetfolien mit dem Cyanacrylat XF 100 werden bis zum Bruch nur Scherkräfte von 300 N/312,5 mm^2 erreicht. Das frühe Versagen der Klebung wird durch Biegekräfte begünstigt, die mit steigenden Zugkräften zunehmen und so einen frühen Materialbruch bewirken. Bei 300 N ergibt sich rein rechnerisch eine Materialspannung von 8 MPa. Beim Verbinden von 2 mm dicken Magnetfolien mit Aluminiumblechen und dem Klebstoff XF 100 versagen die zweischnittigen Klebungen auf der glatten, magnetisierten Seite. Die Oberflächenenergie der Magnetseite ist geringer im Vergleich zur unmagnetisierten Seite. Die Scherkräfte liegen aber mit 1500 N/625 mm^2 immer noch sehr hoch. Dabei kommt es durch die Scherbelastung teilweise auch zum Bruch in den Magnetfolien.

Die Verbindungen sind sehr wasserstabil. Allerdings kommt es schon nach 250 Stunden Wasserlagerung zum Adhäsionsversagen zwischen der Aluminiumoberfläche und der magnetisierten Bandseite, wenn die Aluminiumoberflächen nicht besonders vorbehandelt wurden.

Hotmelts sind eine kostengünstige Alternative zu den reaktiven Klebstoffen. Allerdings ergeben Hotmelt-Klebstoffe auf der glatten, magnetisierten Bandseite mit polyolefinischen Klebstoffen, wie sie in der Klebtechnik weit verbreitet sind, stets ein adhäsives Versagen. Auf der unmagnetisierten Seite ist die Materialfestigkeit bei einer Klebfläche von 25 mm · 25 mm kleiner als die Klebfestigkeit. Voraussetzung für eine hohe und zuverlässige Haftung ist eine Vorwärmung der Substrate und Magnetfolien, soweit das möglich ist. Bei Metallbauteilen ist eine Erwärmung immer von Vorteil, da die dünnen Schichten der Hotmelt-Klebstoffe auf Metallen zu schnell ihre Wärme abgeben und dadurch beim ersten Kontakt mit einer kalten Metallfläche so schnell abkühlen, dass dadurch keine hohe Haftung zustande kommt. Bei Materialien mit geringer Wärmeleitung wie zum Beispiel bei Kunststoffen ist die Vorwärmung nicht so von Bedeutung, da die Abkühlung der Hotmelt-Schicht nicht so schnell erfolgt.

Klebungen mit kalthärtenden Epoxid- und Polyurethanklebstoffen versagen bei 800 N/312 mm^2 immer in den Magnetfolien. Wenn Magnetfolien auf feste Substrate geklebt werden, ist mit Epoxidharz- und Polyurethanklebstoffen danach ein zuverlässiger Verbund gewährleistet. So werden mit dem zweikomponentigen PUR-Klebstoff P66 mit

- 0,75 mm dicken Magnetfolien: 1151 N/615 mm^2 und
- 1,50 mm dicken Magnetfolien: 2960 N/625 mm^2 erreicht,

wenn die Rückseiten verstärkt wurden. Der zweikomponentige Epoxidharzklebstoff EP312 ergibt mit einer Rückseitenverstärkung für 1,5 mm dicke Magnetbänder und bei einer Überlappung von 12,5 mm Klebkräfte von 834 N/312,5 mm^2 und ohne Rückseitenverstärkung von 288 N/312,5 mm^2.

Häufig versagen die Verbindungen eher adhäsiv an den Substraten aus Stahl-, Aluminium- oder Chrom-Nickel-Blechen, wenn diese Substrate nicht vorbehandelt wurden. Dann ist die Haftung der PUR- und EP-Klebstoffe an diesen Oberflächen kleiner als die Haftung an den Magnetfolien. Die Magnetfolien selbst erfordern keine besondere Vorbehandlung, um hohe Klebfestigkeiten zu erreichen. Mit Lösemitteln wie Isopropanol, Ethanol oder Benzin werden die Oberflächen angelöst und gleichzeitig können die Bindemittel und Magnetpartikel leicht abgewischt werden. Deshalb sollten die Klebflächen vor dem Klebstoffauftrag gut getrocknet werden, um die Klebverbindungen durch die Restlösemittel nicht zu schwächen.

Beim Kleben metallischer Magnete gibt es zwei Besonderheiten. Werden die Magnete auf magnetische oder ferromagnetische Materialien geklebt, kommt es zur

Selbstfixierung der Klebung. Besondere Maßnahmen zur Lagefixierung sind nicht erforderlich. Allerdings muss darauf geachtet werden, dass die Magnete nicht zu heftig auf das Gegenmaterial abgelegt werden. Wie bei jedem Kontakt zweier Magnete nimmt bei der ungebremsten Annäherung die Geschwindigkeit der Bewegungen zu, sodass sich die Magnete am Ende schnell verbinden. Dann besteht die Gefahr, dass der Klebstoff aus der Klebfuge verdrängt wird. Im ungünstigsten Fall und bei dünnen und füllstofffreien Klebstoffen werden die Klebstoffe vollständig verdrängt, sodass die Klebfugendicke praktisch 0,0 mm beträgt. Unterschiede in der Klebfugendicke werden auch durch den Magnettyp und das Gegenmaterial bestimmt. Beim Kleben von zwei Magneten mit hoher magnetischer Kraft stellen sich andere Schichtdicken der Klebstoffe ein wie beim Kleben des gleichen Magneten auf einen unmagnetischen Werkstoff. Bei schnell reagierenden Klebstoffen sind die Dickenunterschiede weniger deutlich, da schon nach wenigen Minuten die Magnete in der Klebstoffschicht „fixiert" sind. Wenn Klebverbindung aus ferromagnetischen Eisenblechen oder Eisenteilen bestehen und darauf ein unmagnetisches Material geklebt wird und die Verbindung kurzzeitig mit einem Magneten fixiert werden soll, kommt es zur Verschiebung der Fügeteile, da der aufgelegte Magnet die energetisch günstigste Position zum Eisenblech anstrebt, was nur mit einer relativen Verschiebung der Fügeteile gelingt. Beim Kleben anisotroper und streifenförmig magnetisierter Bauteile ist die Verschiebung besonders ausgeprägt und erfolgt je nach Magnetisierung in jede Richtung. Entscheidend ist immer die optimale Lage der beiden magnetischen Bauteile zueinander. Bei einer festen Fixierung der Fügeteile lässt sich die magnetisch bedingte Verschiebung verhindern.

Eine weitere Besonderheit besteht darin, dass mit vielen Klebstoffen eine hohe Haftung an den metallischen Magneten erreicht wird und dass es zur Trennung zwischen dem Magnetmaterial und den Schutzschichten kommt. Die Schwachstelle ist dann der Verbund, der zwischen der ersten Schutzschicht und dem gepressten oder gesinterten Magnetmaterial besteht, Bild 5.21. Die Analysen der Bruchflächen zeigen, dass der Verbund innerhalb der gepressten oder gesinterten Magnetpartikel versagt.

Bild 5.21 Bruchbilder von metallischen Hartferrit-Magneten mit Schutzschicht, links: einschnittiger Klebversuch, rechts: zweischnittiger Klebversuch

Die Haftung zwischen den mehrlagigen Schutzüberzügen und einigen Klebstoffen ist häufig größer als die Haftung zum Verbund zwischen den Schutzüberzügen und den Magneten. So werden beim Kleben von Hartferriten auf Eisenbleche mit dem Cyanacrylat XF 100 (3M Deutschland) im Druckscherversuch bei einer Klebfläche von 200 mm^2 Scherkräfte von 1415 ± 181 N erreicht. Das entspricht einer Scherspannung von 7,0 MPa. Aus der Gruppe der Epoxidharze ergibt der Klebstoff Scotch Weld 7271 AB (3M Deutschland) bei zweischnittigen Klebungen mit 2 mm dicken Aluminiumblechen und hartferritischen Magneten Scherkräfte von 500 bis 1000 N. Auffällig ist, dass schon bei diesen relativ niedrigen Scherkräften die Haftung der Schutzschichten an dem Magnetmaterial versagt. Ein weiterer Klebstoff ist der schnellreagierende Klebstoff Scotch Weld™ DP 8810 (3M Deutschland). Der Klebstoff ist nach dem Mischen pastös und nicht tropfend und haftet sehr gut auf Magnetfolien, selbst auf der glatten, magnetischen Seite dieser Folien. Die gefügten Bauteile können nach 10 min weiter bearbeitet werden. Das gilt auch für das Kleben metallischer Magnete. Die Härtung ist dann weitgehend abgeschlossen. Die Endfestigkeit ergibt sich nach 24 h. DP 8810 ist ein sehr zäher Klebstoff, sodass er schlagartigen und wechselnden Belastungen standhält. Außerdem haftet der Klebstoff auf den meisten Metallen und Kunststoffen und eignet sich deshalb gut zum Verbinden von Materialkombinationen.

Das Fixieren der Fügeteile mit einem Magneten ist bei diesem pastösen Klebstoff besonders erfolgreich, denn die Härtezeit ist ausreichend lang und die Viskosität ausreichend hoch, um eine dünne Klebstoffschicht zu erreichen. Durch den Zusatz von wenigen kleinen Glaskugeln ist gewährleistet, dass die Klebfuge nicht kleiner als etwa 0,1 mm wird. Klebstoffschichten von 0,1 bis 0,3 mm sind für reaktive Klebstoffe optimal, sodass magnetisch fixierte Klebungen hohe Klebfestigkeiten ergeben.

Auch die in Bild 5.4 und 5.5 gezeigten Greifer lassen sich mit dem Klebstoff 7271 AB und Cyanacrylaten gut kleben, denn bei Druckscherversuchen auf Aluminium kommt es bei Scherkräften von 2000 N/200 mm^2 zum Abriss der Schutzüberzüge oder bei lackierten Blechen zum Abriss der Lackschichten.

Mit dem schnell reagierenden Klebstoff RK 1300 (Weicon, Münster) werden Scherkräfte von 1668 ± 128 N erreicht. Bei einer Scherspannung von 8,3 MPa wird die Schutzschicht vom Magnetmaterial abgerissen. Bei dem Klebstoff RK 1300 handelt es sich um einen Methacrylatklebstoff aus der Gruppe der „No mix“-Klebstoffe. Die Besonderheit besteht darin, dass es sich zwar um einen zweikomponentigen Klebstoff handelt, aber keine Mischung über Mischdüsen notwendig ist. Der Härter für den Methacrylatklebstoff wird auf ein Fügeteil als „Härterlack“ bzw. als dünne Schicht aufgetragen. Nach wenigen Minuten oder mehreren Tagen wird das zweite Fügeteil mit dem ersten verbunden. Nach etwa 5 min können die Bauteile bewegt werden. Der Härterlack (Aktivator) löst die schnelle Polymerisation der Methacrylate aus, die aufgrund des Mechanismus der Polymerisation Klebschichtdicken um 0,4 mm vollständig und schnell härten. Bei Schichtdicken über 0,4 mm muss der Aktivator auf beide Fügeteile aufgetragen werden. Die Schichtdicke sollte insgesamt nicht größer als 0,8 mm sein.

Vergleichbare Ergebnisse werden auch erreicht, wenn die Magnete wie bei zweischnittigen Verbindungen zwischen zwei metallische Fügeteile geklebt werden. Der Abriss der Schutzschicht vom Magnetmaterial erfolgt auch bei diesen Versuchen zwischen 1300 und 1450 N/200 mm^2.

Die Klebversuche bestätigen, dass es verschiedene Klebstoffe gibt, mit denen metallische Magnete auf andere Werkstoffe geklebt werden können und dass die Klebkräfte häufig größer sind als die Haftkräfte zwischen dem Magnetmaterial und den Korrosionsschutzschichten.

5.3.2 Schälversuche

Von Magnetfolien mit einseitiger Klebstoffbeschichtung wird erwartet, dass sie auf möglichst vielen Oberflächen dauerhaft oder vorrübergehend kleben. Zum Nachweis des Haftungsverhaltens eignen sich Schälversuche. Dabei können die Magnetfolien direkt auf die zu untersuchenden Bauteile geklebt werden oder auf Standardmaterialien. Als Standardmaterialien haben sich Chrom-Nickel-Bleche, Kristallglasscheiben oder Aluminiumbleche bewährt. Mit den Standardmaterialien können die Qualitätseigenschaften verschiedener Klebstoffe im relativen Vergleich gut beurteilt werden. Wenn die Haftung auf einem Kunststoff wichtig ist, sollten die Schälversuche auf dem später einzusetzenden Kunststofftyp durchgeführt werden. Da die Palette der Kunststoffe sehr groß und die Zahl der möglichen Zusätze noch größer ist, sollte gerade bei Kunststoffen die Haftung bei definierten Bedingungen bestimmt werden.

Innerhalb der Schälversuche gibt es drei Varianten:

- den 180°-Schälversuch,
- den 90°-Schälversuch,
- den T-Peel-Test.

5.3.2.1 180°- und 90°-Winkelschälversuch

Die Schälversuche nach DIN EN 1939: Bestimmung der Klebkraft, sowie nach FINAT FTM 1 und FTM 2 oder nach der Vorschrift 5001 der AFERA sind die gebräuchlichsten Methoden, um die Haftung von selbstklebenden Materialien, so auch von Klebebändern und selbstklebenden Folien bzw. Etiketten, zu bestimmen. Die Norm DIN EN 1939 bezieht sich auf Klebebänder, kann aber ebenso wie bei den Vorschriften AFERA 5001, FTM 1 oder FTM 2 auf alle selbstklebenden Materialien mit permanenter Haftung übertragen werden. Das Grundprinzip der Haftungsmessung kann also auch zur Beurteilung der Haftung von selbstklebenden Magnetfolien und Magnetbändern oder von Haftklebebändern auf den Magnetfolien verwendet werden.

Der 180°-Winkelschälversuch ist besonders dann von Interesse, wenn die Haftung von Klebebändern auf festen Substraten gemessen werden soll, wobei als feste Substrate auch dicke Magnetfolien und Eisenbleche gelten können. Bei dünneren Magnetbändern mit Klebstoffbeschichtungen kann die Haftung ebenfalls nach DIN EN 1939 oder den FINAT-Vorschriften beurteilt werden, wenn die dünnen Bänder mit doppelseitigen Klebebändern zuerst auf beliebige Substrate geklebt werden. Dann werden auf die SK-Klebstoffschicht flexible PET-Folie geklebt und im 180°- oder 90°-Winkelschälversuch abgezogen. Selbstklebende dünne Magnetfolien können auch direkt auf feste Substrate geklebt werden. Wenn die Haftung groß ist, wird die Magnetfolie schon bei geringen Kräften reißen. Durch eine Verstärkung der Magnetfolie kann die Klebkraft auch im 90°-Schälversuch bestimmt werden.

Bei 180°-Schälversuchen werden die SK-Magnetfolien oder Haftklebebänder auf eine Länge von etwa 120 mm auf feste Substrate geklebt und ein Ende um 180° umgelegt. Die Gesamtlänge der Proben beträgt etwa 240 mm. Wenn die Proben kürzer sind, ist eine angepasste Probenlänge möglich, sofern damit der Schälvorgang nicht beeinflusst wird.

Wenn das Folienende und das feste Substrat in eine Prüfmaschine eingespannt sind, kann die mittlere Schälkraft bei einem Schälwinkel von 180° bestimmt werden. Die Schälkräfte werden über einen Weg von 100 mm gemessen. Dabei entstehen Schäldiagramme, die zusätzliche Aussagen über die Klebstoffeigenschaften liefern. Für das Klebeband Tesakrepp 4356 ergeben sich zum Beispiel die Diagramme wie in Bild 5.22. Die Haftung des Bandes erhöht sich nach einer AD-Plasma-Behandlung um 100 %.

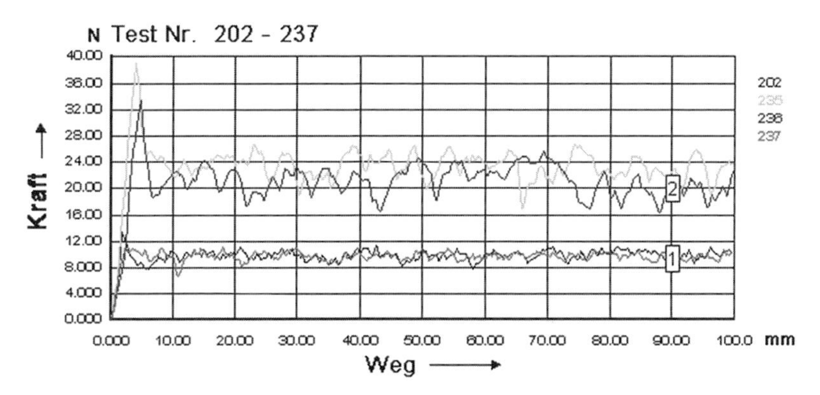

Bild 5.22 Schälkräfte des Haftklebebandes Tesakrepp 4356 auf der Magnetseite einer Magnetfolie, 1: ohne Vorbehandlung, 2: mit AD-Plasma

Die Haftung nach FTM 1 von PET-Folien auf 0,2 mm dicken Eisenblechen mit Klebstoffbeschichtung ergibt Schälkräfte von 22,50 N/25 mm. Die Klebkraft auf einer PE-Schaumstoffbeschichtung von Eisenblechen zur Schalldämpfung führt im 180°-Schälversuch nach DIN EN 1939 zum Kohäsionsversagen im PE-Schaum. Gemessen wird die Spaltkraft des PE-Schaumes bei einem „Schälwiderstand" von 8,84 N/25 mm.

Mit Schälversuchen können die verschiedensten Einflüsse (Feuchtigkeit, Medien, natürliche und künstliche Alterung, Wärmelagerung, Temperaturwechsel, Klimawechsel u. a.) auf die Haftung eines Klebstoffes bestimmt werden. Bei allen Versuchen wird vorausgesetzt, dass die Haftung einer selbstklebenden Beschichtung immer größer ist als die Haftung einer externen Kaschierfolie. Das ist nicht selbstverständlich für selbstklebende, kunststoffgebundene Magnetfolien, die mehrere Stunden Temperaturen von 80 bis 100 °C ausgesetzt sind. Dann kommt es bei Schälversuchen zum Versagen an der Grenzschicht zwischen der Trägerfolie und der Klebstoffschicht. In diesem Fall haftet ein Teil des Klebstoffes an der aufkaschierten externen Folie und ein anderer Teil des Klebstoffes haftet mit der Trägerfolie noch auf der Magnetfolie. Es wird nicht die Haftung der selbstklebenden Beschichtung auf der Magnetfolie gemessen, sondern die Haftung des Klebstoffes an der Trägerfolie. Dieser Prozess wird auch als Delaminierung bezeichnet, da es zu einer ungewollten Trennung zwischen der Klebstoffschicht und der Trägerfolie kommt. Gleichzeitig zeigen solche Messergebnisse, dass Haftklebebänder mit Trägerfolien auf Magnetfolien sehr gut haften.

Mit selbstklebenden Folien und einseitigen Haftklebebändern ergeben sich im 180°-Schälversuch die Werte in Tabelle 5.5. Die Magnetfolien müssen ausreichend steif sein, um den 180°-Schälversuch durchführen zu können. Wenn dünnere Folien auf einem festen Substrat fixiert werden, kann der 180°-Versuch ebenfalls realisiert werden. Ergänzend wurden in Tabelle 5.5. auch Schälkräfte auf Chrom-Nickel-Blechen angegeben, die bestätigen, dass die Haftung auf Magnetfolien sehr gut ist. Die Klebversuche mit den selbstklebenden Materialien bestätigen auch für diese Klebstoffklasse eine hohe Haftung, sodass eher die Substrate, die mit den Magnetfolien verbunden werden sollen, eine Vorbehandlung erfordern.

Tabelle 5.5 Schälkräfte von selbstklebenden Folien auf Magnetfolien

Folientyp	Dicke in mm	Schälkraft auf Magnetfolie in N/25 mm	Schälkraft auf CrNi-Blech in N/25 mm
PVC-P 751	0,055	15,85	16,29
PVC-P 5500	0,11	15,35 Kohäsion	20,01
PVC-P 471	0,80	11,44 Adhäsion	7,77
Polyesterfolie75	0,15	24,51 Kohäsion	27,65
Polyesterfolie 026	0,60	28,41 Kohäsion	32,17

5.3.3 T-Peel-Test

Eine Sonderform der Haftungsmessung von selbstklebenden Beschichtungen auf Magnetfolien ist der T-Peel-Test. Dieser Test kann nach zwei Methoden durchgeführt werden. Wenn die selbstklebende Beschichtung aus einer sogenannten Transferschicht besteht, werden auf diese Schicht externe flexible Kunststofffolien fest aufgerollt und anschließend daraus 25 mm breite und etwa 150 lange Proben zugeschnitten. An einem Probenende wird durch eine nicht klebende Einlage das Verkleben von externer Folie und Beschichtung verhindert, sodass die Probenenden und die aufkaschierten Folienenden in eine Zugprüfmaschine eingespannt werden können. Für solche T-Peel-Versuche hat sich eine 50 µm dicke Polyesterfolie aus Polyethylenterephthalat (PET) bewährt, da sie eine hohe Eigenfestigkeit besitzt und transparent ist. Die Folie sollte mindestens auf einer Seite vorbehandelt sein, um eine gute Verbindung mit der Klebstoffschicht zu bekommen. Bei Folien ohne Vorbehandlung besteht die Gefahr, dass eher die Adhäsion der PET-Folie auf der Klebstoffschicht gemessen wird als die Haftung der Klebstoffschicht auf dem Magnetband. Aufgrund der Festigkeit von PET-Folien werden die Folien bei den Schälversuchen nicht selbst gedehnt, was andernfalls die Messwerte deutlich beeinflussen würde. Beim Schälvorgang bildet sich je nach Flexibilität der Magnetfolien ein mehr oder weniger ausgeprägtes T-Profil.

Der T-Peel-Test eignet sich gerade bei dünnen flexiblen Folien, um die Haftung der Klebstoffe mit vertretbarem Aufwand zu messen. Bei diesem Verfahren wird zusätzlich eine dünne Folie auf die Klebstoffschicht appliziert, wobei die Folie selbst eine hohe Klebfähigkeit besitzen muss. Die Folientransparenz lässt sich gut für die Beobachtung der Folienapplikation und für den Schälvorgang nutzen. In Anlehnung an die T-Peel-Messungen von Klebebändern, Etiketten oder selbstklebenden Folien werden die Messungen mit Geschwindigkeiten von 300 mm/min und 25 mm breiten Proben durchgeführt. Einige Haftklebstoffe neigen bei 300 mm/min Vorschub zu einem ruckartigen Trennvorgang. Dann ist es sinnvoll, die Prüfgeschwindigkeit auf 100 mm/min zu reduzieren. Da sich mit sinkender Prüfgeschwindigkeit die mittleren Schälkräfte verringern, müssen bei Schälkraftmessungen immer die Prüfgeschwindigkeiten angegeben werden. Die Messwerte bei unterschiedlichen Prüfgeschwindigkeiten ändern sich nicht für alle Klebstoffe in gleichem Maße, sondern sie sind vom Klebstoff abhängig.

Sofern die Klebstoffschicht aus einer doppelseitigen Haftklebstoffschicht mit einer Trägerfolie besteht, kann die Haftung auf den Magnetfolien ebenfalls mit dem T-Peel-Test ermittelt werden, indem die Klebstoffschicht mit der Trägerfolie von den Magnetfolien abgezogen (abgeschält) wird, Tabelle 5.6, Variante 1. Dazu werden die Klebstoffschichten per Hand auf einer Strecke von etwa 30 mm von einem Magnetbandende abgezogen. Dann können die per Hand abgezogenen Enden mit einem Papierstreifen oder einer PET-Folie verlängert und in eine Prüfmaschine eingespannt werden. Die Proben aus den Magnetbändern sollten 150 mm lang sein. Bei ausreichend flexiblen Magnetfolien und Schälkräften über etwa 5 N/25 mm Probenbreite bildet sich ein T, sodass der Schälvorgang entlang einer horizontalen Linie verläuft. Bei großen Haftungsschwankungen ändert sich auch der Schälwinkel, was sich auf den tatsächlichen Kraft-Weg-Verlauf und die Schälkurven auswirkt. Nach Lagerungen bei 100 und 120 °C (Variante 2 und 3) verändern sich die Schälkräfte. Die Klebstoffschicht wird nach einer Wärmebehandlung bei 120 °C kohäsiv zerstört. Das bedeutet, dass die Bindung von Magnetfolie und Klebstoff verbessert wird. Die Klebstoffhaftung lässt sich auch messen, wenn zum Beispiel eine lange PET-Folie auf die Klebstoffschicht geklebt wird, der nicht aufgeklebte Bereich um 180° umgelegt und in eine Prüfmaschine eingespannt wird (Variante 4).

Tabelle 5.6 Schälkräfte einer selbstklebenden Ba-Sr-Magnetfolie, 25 mm breit

Probenherstellung	Schälkräfte in N/25 mm	Besonderheiten
Variante 1	17,15 ± 0,62	Adhäsion an Magnetfolie
Variante 2	20,19 ± 1,53	24 h, 100 °C Adhäsion an Magnetfolie
Variante 3	25,71 ± 1,73	12 h, 120 °C Kohäsion
Variante 4	19,39 ± 1,37	Adhäsion an Magnetfolie

Der T-Peel-Test ist auch geeignet, die Haftung von einseitig beschichteten Haftklebebändern auf Magnetfolien zu überprüfen. Diese Bänder bestehen aus Trägerfolien, die einseitig mit Haftklebstoffen beschichtet wurden. Die Haftung wird vom Klebstofftyp und der Flexibilität der Trägerfolie bestimmt. Die Trägerfolien bestehen aus weichmacherhaltigem Polyvinylchlorid (PVC-P), Polyethylen, Polyester, Polypropylen und Papier. Besonders PVC-P hat sich bewährt, da es flexibel ist und sich bei Bedarf kleinen Unebenheiten gut anpassen kann. So wird mit dem Haftklebeband 471 (3M Deutschland) eine Trennkraft von 11,47 ± 0,89 N/25 mm auf der Vorderseite einer 2 mm dicken Magnetfolie erreicht. Bei der Haftung muss zwischen der magnetisierten Folienseite und der unmagnetisierten Vorderseite unterschieden werden. Da die magnetisierte Folienseite immer glatter ist als die Gegenseite, werden die Haftwerte stets niedriger liegen. Ein Atmosphärendruckplasma bewirkt eine deutliche Erhöhung der Haftung, die Schälkräfte betragen dann für das Haftklebeband 471 25 N/25 mm.

5.4 Zugfestigkeit

Für die kunststoffgebundenen Magnete können in Anlehnung an die DIN EN 527-1 bis 3 die Spannungs-Dehnungs-Diagramme ermittelt werden. Magnetfolien mit Dicken unter 0,4 mm können dabei nach den Vorschriften, die für Folien gelten, bestimmt werden. Die Festigkeitswerte der Magnetbänder mit Dicken über 0,4 mm werden mit Zugstäben, Typ B, bestimmt. Die aus den Magnetbändern herausgestanzten Zugproben ergeben in Fertigungsrichtung und quer dazu unterschiedliche Spannungs-Dehnungs-Diagramme. Bild 5.23 zeigt am Beispiel einer relativ dünnen Magnetfolie, dass selbst die hochgefüllten Folien eine Streckgrenze mit einer Streckspannung von etwa 5 N/mm² besitzen und bis zu 80 % dehnbar sind. Diese Werte werden dabei nur mit Proben erreicht, die in Fertigungsrichtung aus den Magnetfolien entnommen werden. Bei Proben quer zur Fertigungsrichtung liegt die Streckspannung nur bei 3,5 N/mm². und die Bruchdehnung bei 30 %. Weitere Unterschiede ergeben sich auch bei Warmlagerungen, das heißt, die Wärmebehandlungen, die mit Temperprozessen zu vergleichen sind, bewirken strukturelle Veränderungen in der Polymermatrix.

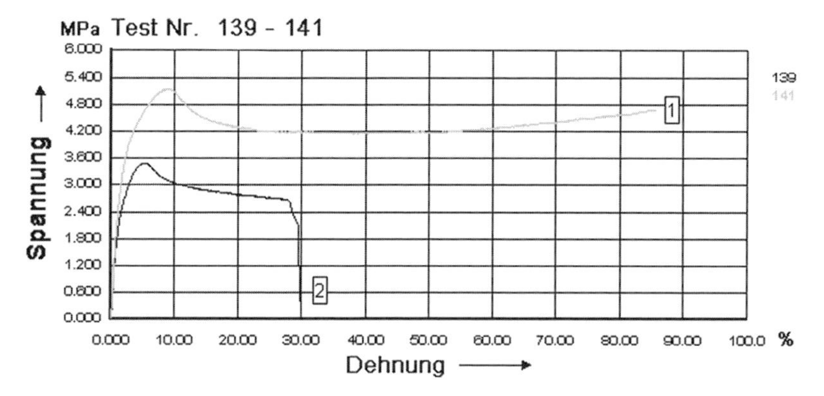

Bild 5.23 Spannungs-Dehnungs-Diagramm einer 0,4 mm dicken Magnetfolie, Prüfgeschwindigkeit 10 mm/min 1: in Fertigungsrichtung, 2: quer zur Fertigungsrichtung

Einen großen Einfluss auf die Belastbarkeit von Magnetfolien hat die Temperatur wie Bild 5.24 für Magnetfolien mit Hartferriten bei 23°, 70° und -15 °C zeigt. Wichtig für die Praxis ist die Flexibilität der Magnetfolien selbst bei -15 °C, sodass es nicht zum Spontanversagen dieser Verbindungen kommt.

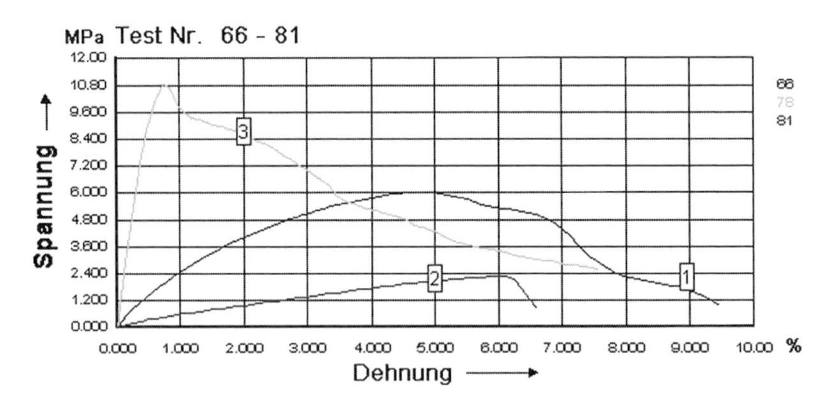

Bild 5.24 Spannungs-Dehnungs-Diagramme von hartferritischen Magnetfolien bei 23 °C (1), 70 °C (2) und −15 °C (3)

Kunststoffgebundene Magnetfolien oder die dickeren Magnetplatten sind im Vergleich zu vielen anderen Kunststoffen und zum ungefüllten Bindemittel wenig duktil. Schon bei geringen Dehnungen kommt es zum Bruch. Der Bruchvorgang wird bei den hochgefüllten Magnetfolien früh durch Inhomogenitäten ausgelöst. Bei Spannungs-Dehnungs-Messungen von 2 mm dicken Platten beginnt das Materialversagen häufig vor dem Erreichen der Streckspannung.

Die Streckspannung einer 0,80 mm dicken Magnetfolie in Fertigungsrichtung beträgt 6,28 N/mm² und quer zur Fertigungsrichtung 5,02 N/mm². Der Einfluss der Fertigungsrichtung auf die mechanischen Eigenschaften wird dabei besonders in der Bruchdehnung sichtbar. In Fertigungsrichtung werden zum Beispiel Dehnungen zwischen 80 und 90 % erreicht, und quer zur Fertigungsrichtung Bruchdehnungen bis 10 %. Bild 5.25 verdeutlicht, dass selbst die Kunststoffe mit hohen Füllstoffanteilen ausgeprägte Streckspannungen besitzen.

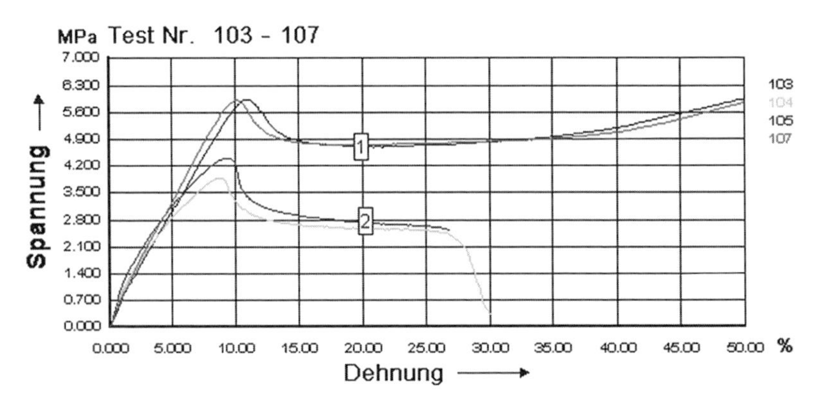

Bild 5.25 Spannungs-Dehnungs-Diagramme von 0,80 mm dicken anisotropen Magnetfolien 1: quer zur Fertigungsrichtung, 2: in Fertigungsrichtung

Das mechanische Verhalten von Magnetfolien wird nicht nur von der Fertigungsrichtung bestimmt, sondern auch von einer Wärmebelastung. Bei einer Warmlagerung über 16 h bei 120 °C verändert sich vor allem die Flexibilität, Bild 5.26. Eine hohe Wärmebelastung ist danach bei den kunststoffgebundenen Magnetfolien im Gegensatz zu vielen füllstofffreien Kunststoffen nicht günstig. Die Kurven in Bild 5.26 gelten für 1,55 mm dicke Magnetbänder bei einer Prüfgeschwindigkeit von 10 mm/min. Ähnliche Ergebnisse gelten auch für 1,00 mm dicke Magnetfolien. Die Änderung der Duktilität wird noch auffälliger nach einer Wärmelagerung über 24 h bei 120 °C für 2 mm dicke Magnetplatten. Für diese Magnetplatten besteht immer die Gefahr, dass die Platten schon bei geringer Biegung brechen. Sobald Einsatztemperaturen über 100 °C möglich sind, sollten die Magnetplatten so verbaut werden, dass keine Biegekräfte auftreten und sie möglichst fest fixiert sind.

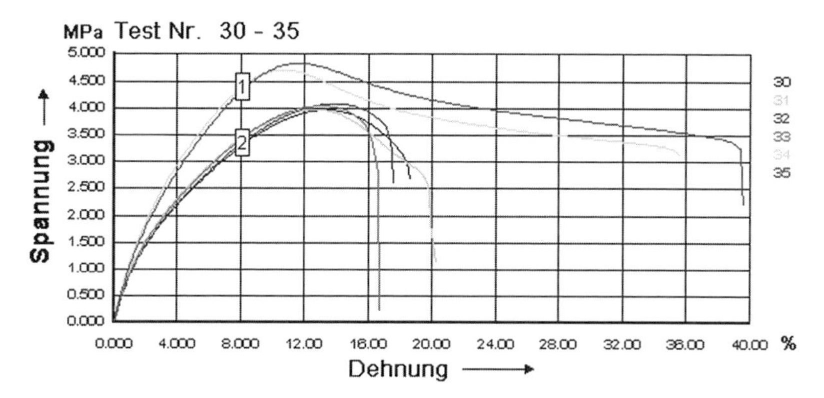

Bild 5.26 Einfluss einer Warmlagerung auf das Spannungs-Dehnungs-Verhalten einer Ba-Sr-Magnetfolie,1: ohne Warmlagerung 2: nach Warmlagerung (16 h, 120 °C)

Den Verlauf der Spannungs-Dehnungs-Messungen in verschiedenen Stadien der Dehnung zeigen Bild 5.27 und den Bruch am Versuchsende Bild 5.28. Die hohen Füllstoffanteile gewährleisten keine glatte Oberfläche, sodass schon nach geringer Dehnung die ersten Anrisse zu erkennen sind, Bild 5.27, links.

Bild 5.27 Oberflächenstruktur während eines Zugversuches von kunststoffgebundenen Ba-Sr-Magnetfolien

Bild 5.28 Charakteristischer Bruch von kunststoffgebundenen Ba-Sr-Magnetfolien, Zugversuchsende

Bei Verbundfolien aus Roh- und Deckfolie bestimmen beide Folien die Spannungs-Dehnungs-Kurven. Da es sich überwiegend um PVC-P handelt, das auf die Rohfolie kaschiert wird, bestimmt gerade diese Folie das Spannungs-Dehnungs-Verhalten. Das gilt besonders für dünne Magnetfolien, bei denen das Dickenverhältnis der Deckfolie zur Rohfolie besonders groß ist. So beträgt die Reißfestigkeit einer Verbundfolie aus einer 0,3 mm dicken Ba-Sr-Rohfolie mit einer 0,1 mm dicken Deckfolie 10,71 MPa, von einer 0,8 mm dicken Rohfolie und einer ebenfalls 0,1 mm dicken Deckfolie 5,75 MPa. Die Deckfolie, die auch Schutzfolie genannt wird, verbessert vor allem die Magnetbandduktilität, sodass auch sehr flexible Magnetverbindungen möglich sind.

5.4.1 Dichte

Die Dichten der Magnete sind bei allen Typen von der tatsächlichen Materialzusammensetzung und der Verdichtung beim Sinterprozess abhängig. Daher können nur die Grenzen der Dichtebereiche angegeben werden, die typisch für die einzelnen Magnettypen sind. So liegen die Dichten der Neodym-Dauermagnete, die in Form von Scheiben, Quadern, Stäben oder Ringen hergestellt werden, zwischen 7,25 und 7,43 g/cm^3. Besonders große Schwankungen gibt es bei den kunststoffgebundenen Magneten, da schon die Kunststoffe, die als Bindemittel eingesetzt werden, unterschiedliche Dichten besitzen und dann noch die Masseanteile der Magnetpulver und der Bindemittel variieren. So schwanken die Dichten kunststoffgebundener Magnetfolien aus Neodym zwischen 3,40 und 3,60 g/cm^3. Innerhalb der Halbzeuge, die aus einer Materialtype hergestellt werden, beträgt die fertigungsbedingte Streuung weniger als 0,1 g/cm^3. So betragen die Dichten von 0,4 mm dicken Neodym-Magnetfolien 3,45 g/cm^3, von 1,75 mm dicken Bändern 3,55 g/cm^3 und von 0,75 mm dicken Magnetfolien 3,44 g/cm^3.

Für die annähernde Dichtebestimmung oder die Berechnung der Anteile an Bindemittel und Magnetpartikel sind die Einzeldichten der beteiligten Stoffe erforderlich. Wichtige Dichten sind:

- Eisen-3-Oxid (Fe_2O_3): 5,24 g/cm^3,
- Strontium (Sr): 2,63 g/cm^3,
- Strontiumoxid (SrO): 5,00 g/cm^3,
- Barium (Ba): 2,65 g/cm^3,
- Bariumoxid (BaO): 5,72 g/cm^3,
- Polypropylen (PP): 0,93 g/cm^3,
- Polyethylen (PE): 0,92 g/cm^3,
- organische Gießharze (EP, SI, PUR): 1,15 g/cm^3 (Durchschnittswert).

Sofern die Dichten der Magnetfolien zu ermitteln sind, gibt es mehrere Methoden. Am bekanntesten ist die Auftriebsmethode (archimedisches Prinzip). Alle Methoden gehen davon aus, dass Volumen und Masse gemessen werden und dann die Dichte aus dem Verhältnis von Masse und Volumen berechnet wird. Bei geometrisch eindeutigen Körpern können die Volumen der Magnete mit einem Längenmessgerät und die Massen mit einer Waage bestimmt werden, sodass sich die Dichte ohne größere Aufwendungen ergibt.

Literatur

1. DIN 50460:1988-08: Bestimmung der magnetischen Eigenschaften von weichmagnetischen Werkstoffen
2. DIN 50472:1981-03 Prüfung von Dauermagneten; Bestimmung der magnetischen Flusswerte im Arbeitsbereich
3. DIN EN 60404-14:2003-02 Magnetische Werkstoffe – Teil 14: Verfahren zur Messung des magnetischen Dipolmomentes einer Probe aus ferromagnetischem Werkstoff mit dem Abzieh- oder dem Drehverfahren (IEC 60404-14:2002); deutsche Fassung EN 60404-14:2002
4. *Krüger G.*: Haftklebebänder, selbstklebende Folien und Etiketten, Carl Hanser Verlag, München, 2012

6 Einflüsse auf die Tragfähigkeit

In der Praxis ist es wichtig zu wissen, bei welchen Belastungen Magnete in lösbaren Verbindungen versagen. Aber auch Kenntnisse über die Trennkräfte zum Lösen von Magnetverbindungen sind für Konstrukteure und Anwender notwendig, um wiederlösbare Magnetverbindungen optimal auszulegen und sie zuverlässig zu nutzen. Die besondere Problematik ist, die vielen Einflussgrößen bei der Auslegung von Verbindungen zu berücksichtigen. Aus diesem Grund werden Magnetverbindungen überdimensioniert, sodass die Trennkräfte ausreichend groß sind. Unabhängig von der Schwierigkeit, Magnetverbindungen nach bekannten Konstruktionsregeln auszulegen, gibt es Einflussgrößen, die die Höhe der Halte- und Trennkräfte mehr oder weniger deutlich bestimmen. Zu den wichtigsten Einflussgrößen gehören:

- die absolute Höhe der magnetischen Felder,
- die Temperatur,
- die Nutzungsdauer, das gilt vor allem für Neodym-Magnete,
- die Umweltbedingungen, bei denen wiederlösbare Magnetverbindungen eingesetzt werden,
- die Empfindlichkeit bei der Einwirkung von Oxidationsmitteln.

Die Magnetstärke kann bei nachlassender Magnetkraft wieder erhöht werden, wenn die Magnetpartikel einem externen Dauermagneten ausgesetzt werden. Die Erhöhung der Magnetkräfte ist mit der Aufmagnetisierung vergleichbar, denn Magnete können nach einer Entmagnetisierung wieder magnetisiert werden. Die Bildung magnetischer Dipolmomente, die die Grundlage für den Magnetismus sind, erfolgt mehrfach reversibel. Es kann je nach Erfordernissen magnetisiert und entmagnetisiert werden, ohne dass dabei große Verluste an den magnetischen Eigenschaften auftreten.

Die ersten vier Faktoren verändern die Magnetkräfte der Bauteile reversibel. Bei Anwesenheit von Oxidationsmitteln und verstärkt in Kombination mit einer Erwärmung kommt es aber zum irreversiblen Verlust an Magnetkräften, da die entstehenden Oxidationsprodukte nicht mehr magnetisierbar sind.

Bei der Messung der Trennkräfte im Stirnabreißversuch beeinflusst die Prüfgeschwindigkeit im Gegensatz zu Messungen der Klebkraft von Haftklebstoffen die Höhe der Trennkräfte nicht, Bild 6.1. Beim schnellen oder langsamen Lösen von Magnetverbindungen sind daher annähernd gleiche Trennkräfte notwendig.

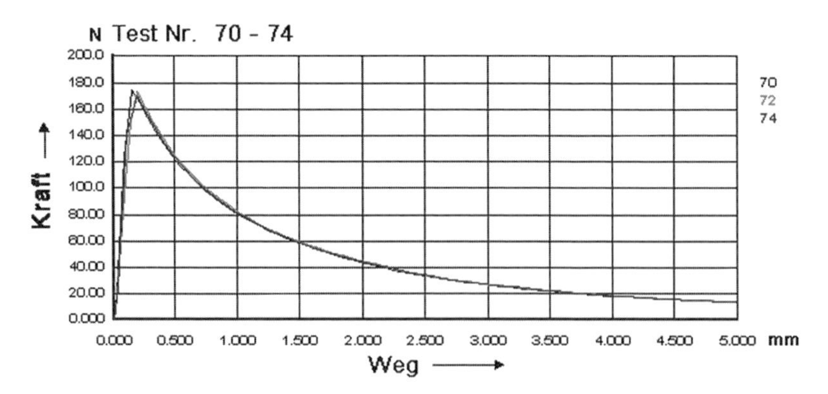

Bild 6.1 Lotrechte Haltekräfte von Neodym-Magneten auf Eisenblechen bei Prüfgeschwindigkeiten von 5,10 und 50 mm/min, Magnetfläche 400 mm^2

Ein vergleichbares Verhalten gibt es, wenn die Reproduzierbarkeit überprüft wird, siehe Kapitel 5, Bild 5.1.

Die Ermittlung von Trennkräften wie in Kapitel 5 dargestellt, erfordert auch die Berücksichtigung von Einflussfaktoren auf die Höhe der Messwerte. Aufgrund der Prüftechnik können sich daher sehr unterschiedliche Messwerte ergeben. So werden die Einflüsse auf die maximalen Haltekräfte durch die Magnetanordnung und aufgrund der Prüfmethode im Stirnabreißversuch von Neodym-Magneten (Abmessung: 10 mm · 20 mm · 2,50 mm) besonders deutlich, wenn die Magnete nebeneinander mit doppelter Magnetfläche und übereinander mit doppeltem Magnetvolumen angeordnet sind und zusätzlich unmagnetische Aluminium-T-Profile zur Fixierung der Magnete mit einer flexiblen Einspannung versehen werden. Die flexible Einspannung ist erforderlich, da schon geringe Abweichungen von einer senkrechten Kraftübertragung zu größeren Messwertstreuungen führen. Die höheren Haltekräfte bei doppelter Magnetfläche ergeben sich vor allem dann, wenn sich die Magnete einseitig auf magnetischen Materialien befinden.

Die folgende Übersicht unterstreicht, dass die Magnetkräfte bei doppelter Magnetfläche auf einer Eisenplatte mehr als doppelt so groß sind.

- Magnet 200 mm^2 auf Eisenplatte mit unmagnetischem Probeträger: 19,55 ± 0,04 N,
- Magnet 400 mm^2 auf Eisenplatte mit unmagnetischem Probeträger: 55,08 ± 0,53 N,
- Magnet 200 mm^2 zwischen zwei Eisenplatten: 88,00 ± 2,36 N,
- Magnet 200 mm^2 zwischen zwei Eisenplatten, Luftspalt 0,04 mm: 81,29 ± 0,05 N,
- Magnet 400 mm^2 zwischen zwei Eisenplatten: 172,1 ± 2,20 N,
- Magnet 400 mm^2 zwischen zwei Eisenplatten, Luftspalt 0,04 mm: 160,6 ± 0,01N.

6.1 Temperatur

Die Temperatur ist bei der Anwendung von metallischen und kunststoffgebundenen Magneten eine wichtige Größe, da sich mit steigender oder fallender Temperatur die magnetischen Eigenschaften und die Eigenschaften der Kunststoffe als Bindemittel ab magnetspezifischen Temperaturen deutlich und in manchen Fällen sogar sprunghaft ändern.

Für die Ferrite und die NdFeB-Magnete existieren Temperaturkoeffizienten, die die Änderung der Haltekräfte in den positiven und negativen Temperaturbereichen beschreiben. Die Koeffizienten werden in %/Δ°C oder in %/ΔK angegeben. Bezugsbasis sind die Feldstärke oder Remanenz, die wiederum physikalische Größen für die Höhe von Haltekräften sind. Bei einem Temperaturkoeffizienten von -0,2 %/°C bedeutet eine Temperatur von 73 °C, dass die Haltekräfte, die bei Raumtemperatur gelten, auf 90 % abfallen, bei 150 °C sind es 74,6 % vom Ausgangswert. Den starken Einfluss der Temperatur auf die Magnetkräfte bestätigt Bild 6.2 für einen metallischen Dauermagneten. Dabei zeigt eine Wärmelagerung bei 130 °C sehr deutlich, wie sich die Magnetkraft bei höheren Temperaturen verringert. Daher sollten solche Spitzentemperaturen bei Neodym-Magneten unbedingt vermieden werden. Temperaturen von mehr als 130 °C kommen in lösbaren Magnetverbindungen allerdings selten oder gar nicht vor. Der Magnetverlust ist bei zu hohen Temperaturen irreversibel. Bei kurzzeitig höheren Temperaturen kann ein Magnetverlust allerdings durch eine erneute Magnetisierung wieder kompensiert werden. Für Magnetfolien sind dauerhaft Temperaturen über 130 °C sowieso schädlich, da dann der thermische Abbau der Kunststoffmatrix beginnt bzw. die kunststoffgebundenen Magnete ihre Funktion verlieren.

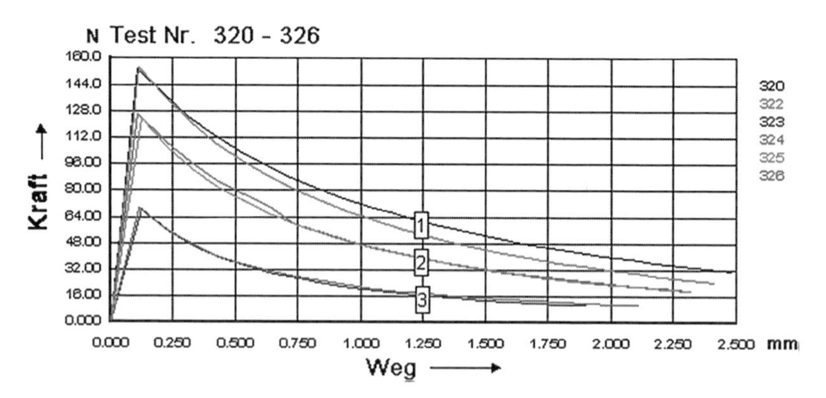

Bild 6.2 Änderung der Haltekraft von Neodym-Magneten nach Wärmebehandlung im Stirnabreißversuch, 1: Ausgangszustand, 2: 24 h bei 130 °C, 3: 36 h bei 130 °C

Die Änderung der Magnetkräfte von Neodym-Magneten bei einer Wärmelagerung zeigt sich auch im Druckscherversuch, Bild 6.3.

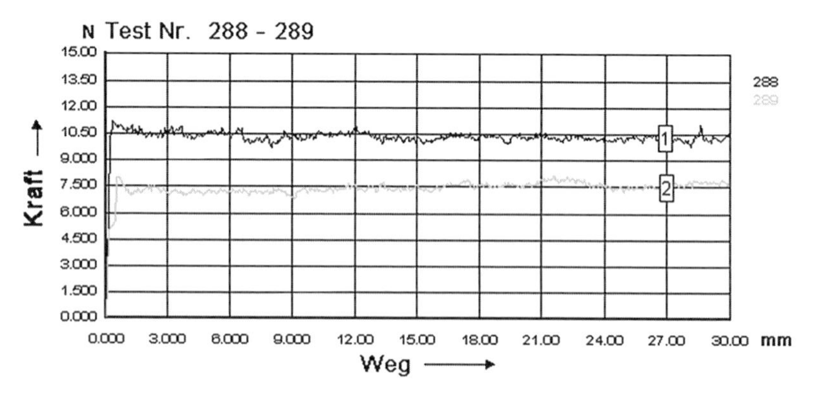

Bild 6.3 Einfluss einer Wärmebelastung auf die Druckscherkräfte von Neodym-Magneten, 1: Ausgangswert, 2: nach 24 h bei 130 °C

Die thermische Stabilität von Hartferriten wird von zwei anisotropen Ba-Sr-Magnetbändern mit dem Zugscherversuch sichtbar, Bild 6.4 und 6.5. Die Foliendicke der beiden aufeinander liegenden Folien und die Magnetisierung haben keinen Einfluss auf die Scherkräfte. Eine 24 h-Lagerung der Magnetbänder bei 120 °C ergibt deckungsgleiche Kurven bei 1,5 mm und 1 mm dicken Bändern mit unterschiedlicher Magnetisierung.

Der Einfluss der Wärme auf die Magnetkraft von Magnetbändern kann ebenfalls mit dem Zugscherversuch nachgewiesen werden, wenn Scherbewegung und Magnetisierungsrichtung übereinstimmen, Bild 6.6.

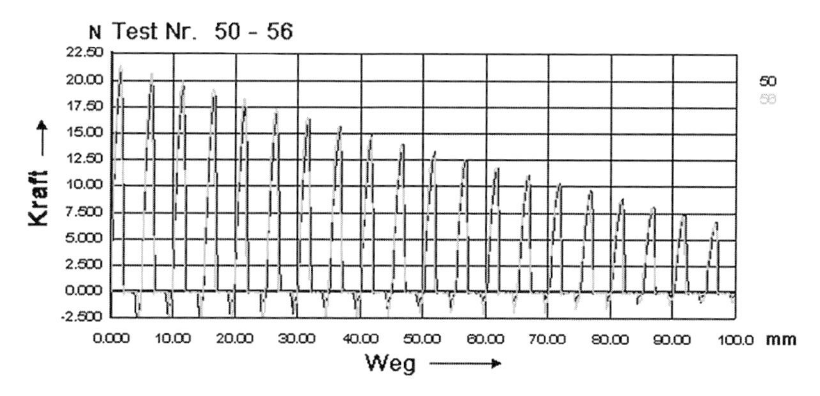

Bild 6.4 Zugscherversuch von 1 mm dicken anisotropen Ba-Sr-Magnetbändern mit und ohne Warmlagerung, 24 h bei 120 °C

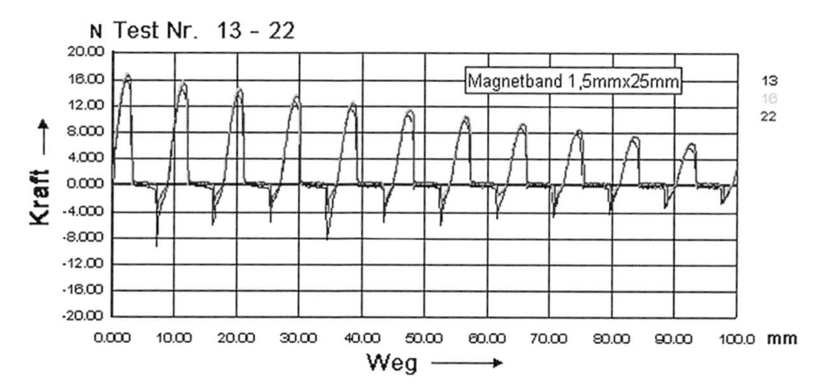

Bild 6.5 Zugscherversuch von 1,5 mm dicken anisotropen Ba-Sr-Magnetbändern mit und ohne Warmlagerung, 24 h bei 120 °C

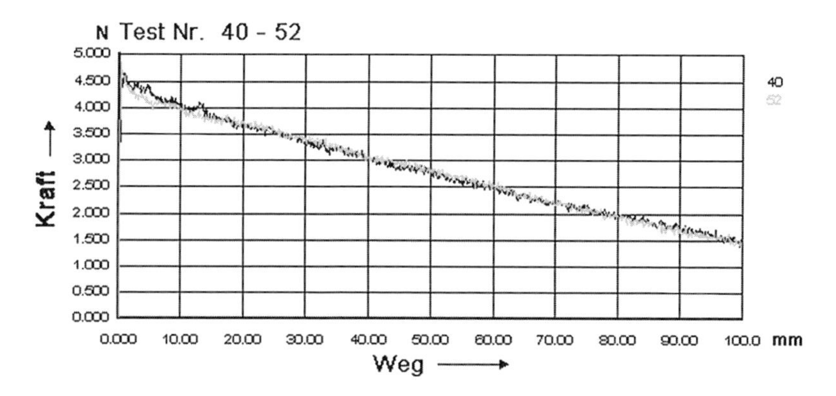

Bild 6.6 Zugscherkräfte bei der gegenseitigen Verschiebung von zwei Ba-Sr-Magnetbändern mit gleicher Magnetisierungs- und Bewegungsrichtung mit und ohne Wärmehandlung, 24 h bei 120 °C

Die Folien waren 150 mm überlappend mit ihrer eigenen Magnetkraft verbunden und wurden 100 mm relativ zu einander mit 100 mm/min verschoben. Dabei verringert sich die Zugkraft proportional mit der abnehmenden Kontaktfläche der Folien.

Die Kurven sind ebenso wie in Bild 6.4 und 6.5 deckungsgleich und bestätigen damit noch einmal, dass Warmlagerungen bis 120 °C die Magnetkräfte nicht verändern. Das gleiche Ergebnis wird auch mit Magnetfolien auf Eisenblechen erreicht. Das heißt, dass bei allen Magnetkombinationen in lösbaren Verbindungen die Neodym-Magnete bei Temperaturen bis 120 °C konstant hohe Magnetkräfte gewährleisten.

Ursache für die Änderung der Magnetkräfte bei einer Erwärmung ist die Änderung des Energieproduktes aus Flussdichte und Koerzitivfeldstärke. Wenn ein Bauteil nach einer hohen Erwärmung mit einem Dauermagneten abkühlt, steigt das Energieprodukt wieder an, das heißt, lösbare Verbindungen werden in Gegenwart von Dauermagneten wieder haltbarer, Bild 6.7.

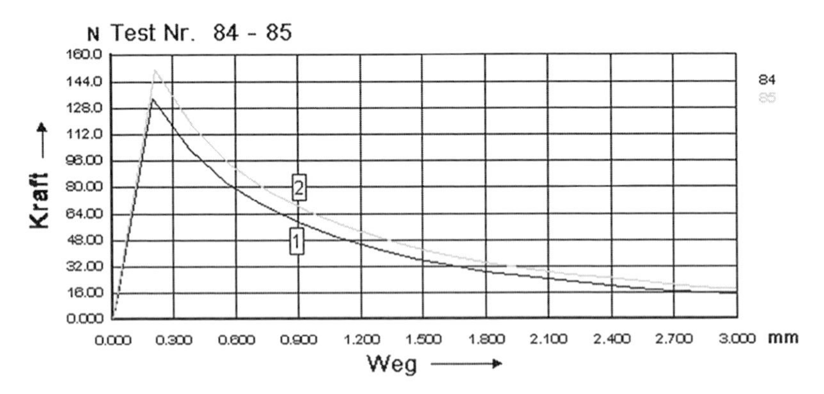

Bild 6.7 Reversibler Anstieg der Haltekraft eines Neodym-Magneten nach einer thermischen Belastung von 100 °C, Kontaktfläche 400 mm², 1: Anfangswert, 2: 24 h später

Die kritische Temperatur aller Magnete ist die Curie-Temperatur, bei der die Magnetisierung irreversibel verlorengeht. Unterhalb der Curie-Temperatur erfolgt die Änderung der Magnetkraft reversibel. Bei mehrfachem Temperaturwechsel erreicht die Magnetkraft aber nicht mehr den Ausgangswert. Durch eine Magnetisierung mit einem Dauermagneten können die Verluste wieder verringert werden, sodass der Ausgangswert fast wieder erreicht wird. Deshalb ist gerade bei den metallischen Neodym-Magneten die Einsatztemperatur aufgrund der irreversiblen Änderung der Haltekräfte auf 150 °C begrenzt. Diese hohe Einsatztemperatur ist aber nur für Neodym-Magnete gültig, die mit weiteren Elementen wie Kupfer oder vor allem Dysprosium aus der Gruppe der Lanthanoide (Seltenerdmetalle) dotiert sind. Das Beispiel zeigt anschaulich, wie durch eine Dotierung von Standardlegierungen die Eigenschaften der Magnete günstig verändert werden können.

6.2 Magnetisierung

In Abschnitt 6.1. ist schon im Zusammenhang mit der thermischen Stabilität gezeigt worden, welche Diagramme zustande kommen, wenn sich Höhe und Art der Magnetisierung ändern. Dazu wurden schon in Kapitel 4, Bild 4.3, die Magnetkräfte beim Zugscherversuch eines ferritischen Magnetbandes für zwei Magnetzustände im gleichen Diagramm dargestellt. Die Anfangskräfte betrugen 16,5 und 29 N. Außerdem konnten mit den Versuchen die Polabstände relativ genau mit 2,17 und 1,25 mm angegeben werden. Zugscherversuche sind demnach gut geeignet, den Magnetisierungszustand nachträglich ohne großen Aufwand zu bestimmen.

Die größten Unterschiede im Magnetisierungszustand ergeben sich beim Vergleich isotroper und anisotroper Magnetbänder. Neodym-Magnete sind davon nicht betroffen, da sie in anisotroper Ausführung nicht verfügbar sind. In der Gegenüberstellung der Scherkräfte im Druckscherversuch, Bild 6.8, kann der Unterschied der Haltekräfte für isotrope und anisotrope Magnetisierung auf einfache Weise sichtbar gemacht und dokumentiert werden.

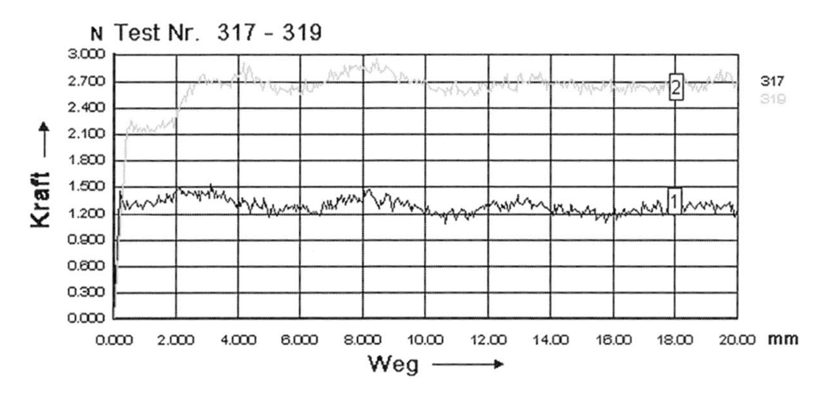

Bild 6.8 Druckscherversuch einer 2,0 mm dicken Magnetfolie, 1 Magnetfolie isotrop, 2 Magnetfolie anisotrop

6.3 Probenabmessungen

Wie anfangs in Kapitel 6 erläutert, verändern sich bei der Verdoppelung der Kontaktfläche von Magnetfolien die Zugscherkräfte. Das gilt auch bei der Verdoppelung der Probenbreite, Bild 6.9. Die Verdoppelung der Magnetfläche von 37,5 cm² auf 75 cm² bei doppelter Probenbreite ergibt auch eine Verdoppelung der Magnetkräfte von 30 N/25 mm auf 60 N/50 mm. Das Beispiel zeigt anschaulich, dass sich die Magnetkräfte bei kunststoffgebundenen Magnetbändern direkt proportional mit der Probenbreite ändern.

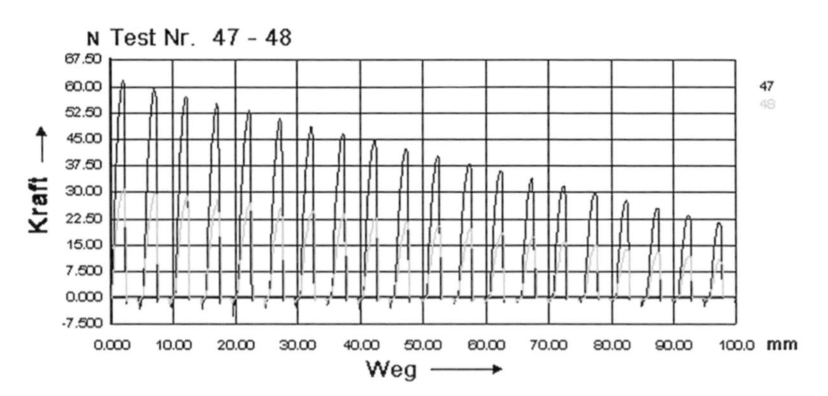

Bild 6.9 Zugscherkräfte einer 1,0 mm dicken Ba-Sr-Magnetfolie, Probenbreiten 25 und 50 mm

Bei metallischen Magneten bewirkt die Verdoppelung der Kontaktfläche eine überproportionale Erhöhung der Scherkräfte, wie in Kapitel 5, Bild 5.6 gezeigt wurde. Ein flacher Magnet mit großer Kontaktfläche ist daher immer günstiger als ein hoher Magnet, der das gleiche Magnetvolumen besitzt wie der flache Magnet.

Zusätzlich gewährleisten auch die Haltekräfte zwischen zwei massiven Eisenplatten einen Überblick, welche Magnetkräfte verschiedene Magnetbänder und metallische Magnete erreichen. Hierbei handelt es sich um Messwerte, die nur Aussagen bei vergleichenden Untersuchungen zulassen, aber nicht für praktische Anwendungen genutzt werden können.

Bei einigen Anwendungen, bei denen aus ästhetischen Gründen zum Beispiel beschichtete Glasflächen als Träger von Magneten eingesetzt werden, ist die Höhe der Magnetkräfte von besonderer Bedeutung. Die Gegenstücke zu den Magneten, die auf den Oberflächen von Glasmagnetwänden bewegt werden oder etwas festhalten sollen, sind dünne Eisenbleche dicht hinter den Glasflächen. In jedem Fall müssen die Magnete so hohe Magnetkräfte besitzen, dass sie den Spalt aufgrund der Glasdicke sicher überbrücken und dann noch eine bestimmte Haltekraft entwickeln. Bild 6.10 zeigt am Beispiel von zwei Magneten mit Durchmessern von 25 und 35 mm, welche Scherkräfte sich auf einer Glasmagnetwand ergeben.

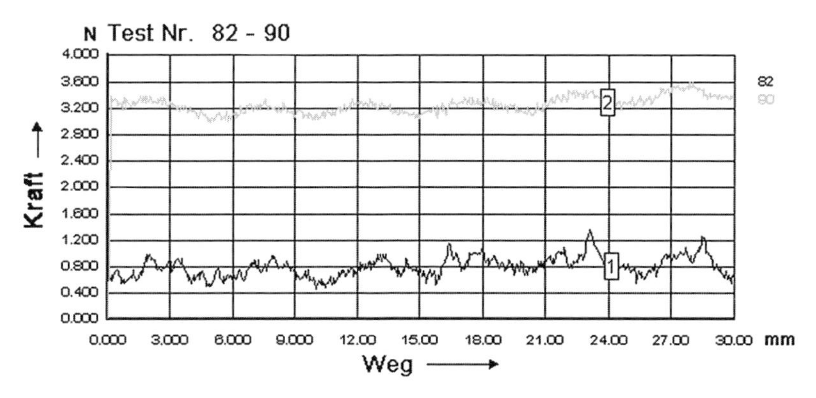

Bild 6.10 Einfluss der Kontaktfläche auf die Druckscherkräfte zweier Magnete auf einer Glasmagnetwand 1: Magnet 25 mm Durchmesser, 2: Magnet 35 mm Durchmesser

6.4 Prüfgeschwindigkeit

Für den Stirnabreißversuch konnte mit Bild 5.2 und Bild 6.1 gezeigt werden, dass die Prüfgeschwindigkeit keinen Einfluss auf die Höhe der Haltekräfte hat. Zugschermessungen mit Ferrit-Magnetbändern ergeben dagegen unterschiedliche Haltekräfte, wenn sich die Prüfgeschwindigkeiten stark unterscheiden. Bei 50 und 100 mm/min liegen die Scherkräfte bei 16 N/25 mm, bei 300 mm/min bei 28 N/25 mm, Bild 6.11.

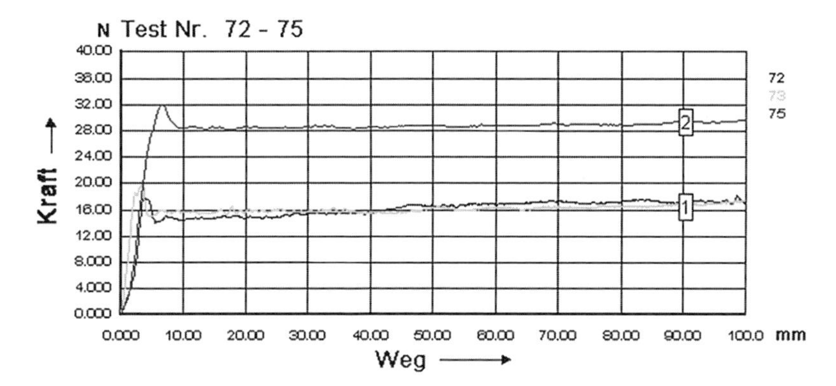

Bild 6.11 Einfluss der Prüfgeschwindigkeit auf die Zugscherkräfte von 2,0 mm dicken Ba-Sr-Magnetfolien, 1: 50 und 100 mm/min, 2: 300 mm/min

6.5 Geometrieeffekte

Die Haltekräfte von Dauermagneten sind nicht nur von der Magnetisierung und dem Magnettyp abhängig, sondern auch von der Form und der Kontaktfläche. Dabei ändern sich die Haltekräfte bei sonst gleichen Randbedingungen nicht proportional mit der Magnetfläche oder dem Magnetvolumen. Das lässt sich mit dem Druckscherversuch anschaulich nachweisen, bei dem Magnete oder Magnetbände auf einer Eisenplatte wie auf einer Magnetwand verschoben werden.

So werden für 2 und 4 mm dicke Kreisscheiben aus Neodym-Magneten, die einen Durchmesser von 10 mm und eine Kontaktfläche von 78,5 mm² besitzen, folgende Scherkräfte gemessen:

- 1. Magnet: 1,873 N Kontaktfläche 78,5 mm²,
- 2. Magnet: 1,959 N Kontaktfläche 78,5 mm²,
- 1.+2. Magnet : 4,527 N Kontaktfläche 157 mm²,
- Steigerung Scherkräfte: auf 118,1 %,
- 1. und 2. Magnet übereinander 2,730 N Kontaktfläche 78,5 mm²,
- Scherkraftverlust von 1. und 2. Magnet: –15,6 %.

Für rechteckige Magnete gilt:

- 1.+2. Magnet : 8,809 N Kontaktfläche 400 mm²,
- 1. Magnet: 3,528 N Kontaktfläche 200 mm²,
- 2. Magnet: 3,407 N Kontaktfläche 200 mm²,
- Steigerung Scherkräfte: auf 127,1 %,
- Scherkraftverlust von 1. und 2. Magnet: –15,1 %.

Die Wiederholung solcher Messungen mit metallischen Neodym-Magneten führt zu vergleichbaren Ergebnissen.

Die Beispiele verdeutlichen auch für kleine Neodym-Magnete die Änderungen der Haltekräfte bei unterschiedlichen Geometrien und Kontaktflächen. Die Absolutwerte gelten nur für ganz konkrete Magnete und können sich bei weiteren Einflussfaktoren ändern. Unabhängig von allen weiteren Einflüssen auf die Magnetkraft zeigen die bisher genannten Versuche, dass es zwei Tendenzen gibt:

> Eine doppelte Kontaktfläche bei gleichem Magnetvolumen erhöht die Magnetkraft überproportional, eine Verdoppelung des Magnetvolumens bei gleicher Kontaktfläche verringert die volumenbezogene Magnetkraft.

■ 6.6 Reibungsverhalten

Die metallischen Magnete müssen auf möglichst vielen Oberflächen haften und gleichzeitig gut gleiten. Sofern die Magnete nicht direkt mit dem magnetischen Gegenmaterial in Berührung kommen, werden die Haltekräfte auch vom Abstand zwischen den beiden magnetischen Materialien bestimmt. Der Zwischenraum wird durch andere Materialien ausgefüllt, die die Magnetkräfte unterschiedlich dämpfen. Sehr häufig handelt es sich um Gläser oder um lackierte, unmagnetische Nichteisenmetalle oder Kunststoffe. Die Oberflächen solcher Magnetflächen dürfen dabei aus ästhetischen Gründen nicht zerkratzt werden. Andererseits sollten die Magnete auf den senkrechten Magnetwänden und auf den glatten Flächen nicht rutschen. Daher werden für solche Bedingungen Metallmagnete mit einem „Gummimantel“ umspritzt, der die Reibung zwischen dem Magneten und der Magnetwandoberfläche deutlich erhöht. Ein typisches Beispiel für einen ummantelten Magneten zeigt Bild 5.4. Als Elastomermaterial wird EPDM, ein Copolymer aus Ethylen, Propylen und Butadien eingesetzt, dass für einen hohen Reibungskoeffizienten der ummantelten Magnete sorgt. Da die Mischungsverhältnisse der drei beteiligten Stoffe variieren können, sind die Hafteigenschaften der verschiedenen EPDM-Typen sehr unterschiedlich.

Auf lackierten Eisenblechen wird die Reibung durch die magnetische Kraft und den Reibungskoeffizienten bestimmt. Wie bei vielen Reibungsversuchen gibt es die Haft- und Gleitreibung. Die Haftreibung im Ruhezustand wird durch Magnetkräfte verstärkt, wenn die Magnetkraft wirksam werden kann. Auf nicht magnetischen Oberflächen wird die Haftreibung vor allem durch Adhäsionskräfte bewirkt. Diese Kräfte sind bei elastomerummantelten Magneten deutlich größer als bei Metallmagneten, Bild 6.12. Es sind die Reibungskräfte auf einer Magnetwand dargestellt. Die Magnete werden mit 400 mm/min bewegt. Aufgrund der Magnetkraft ergeben sich sehr hohe Reibungskräfte, die zum Teil Hilfsmittel erfordern, um die gummiummantelten Magnete von der Magnetwand zu trennen. Zum Vergleich sind auch die Reibungskräfte auf einer Glasoberfläche angegeben.

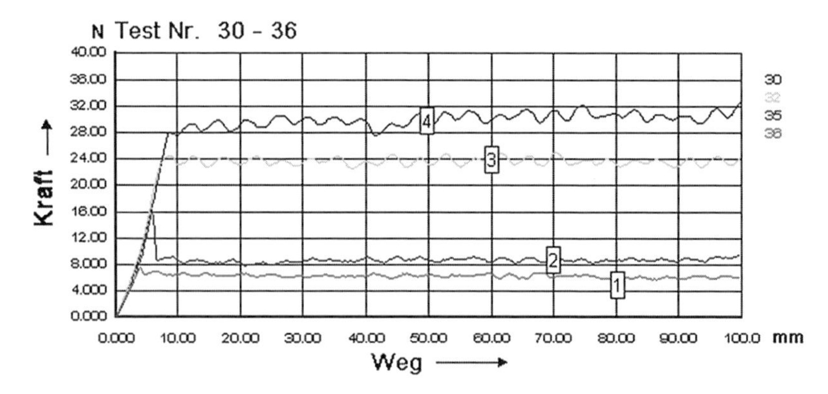

Bild 6.12 Reibungskräfte von Magneten auf einer Magnetwand, 1: Neodym-Magnet 25 mm Durchmesser, 2: Neodym-Magnet 32 mm Durchmesser, 3: Neodym-Magnet ummantelt 25 mm Durchmesser, 4: Neodym-Magnet ummantelt 43 mm Durchmesser

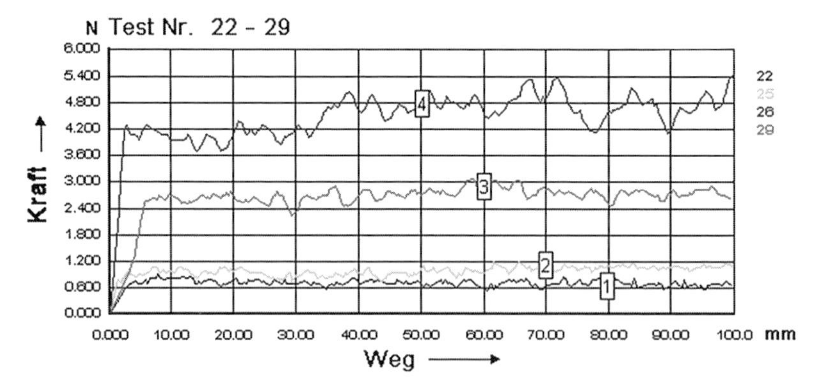

Bild 6.13 Reibungskräfte von Magneten auf Kristallglas, 1: Neodym-Magnet 25 mm Durchmesser, 2: Neodym-Magnet 32 mm Durchmesser, 3: Neodym-Magnet ummantelt 43 mm Durchmesser, 4: Neodym-Magnet ummantelt 25 mm Durchmesser

Bevor die Gleitreibung messbar wird, muss die Haftreibung überwunden werden. Das äußert sich in einem mehr oder weniger großen Peak am Versuchsbeginn. Bei hohen Gleitreibungskräften geht die Haftreibung direkt in die Gleitreibung über.

Die Gleitreibungskräfte einiger Magnete auf Kristallglas und einer Magnetwand mit lackierter Oberfläche enthält Tabelle 6.1. Die Reibungskräfte werden auf der lackierten Magnetwand auch von den Magnetkräften bestimmt und sind daher die Summe aus der Gleitreibung und dem Magnetzustand. Auf einer unmagnetischen Glasoberfläche sind die Reibungskräfte sehr viel geringer, allerdings unterscheiden sich auch auf Kristallglas die Reibungskräfte der ummantelten und metallischen Magnete, Bild 6.13.

Tabelle 6.1 Gleitreibungskräfte von Magneten auf Kristallglas und einer Magnetwand

Magnet	Kontaktfläche in mm^2	Masse in g	Reibungskraft Magnetwand lackiert in N	Reibungskraft Kristallglas in N
A22+EPDM	380	11,5	23,61	4,59
A43+EPDM	1450	29,5	30,02	2,71
F25 Nd-Magnet	490	27,6	6,20	0,70
F32+ Nd-Magnet	803	45,5	8,59	0,99
S20 Nd-Magnet	314	57,8	5,14	0,69
Würfel Nd-Magnet	100	7,4	1,80	0,48
Zylinder Nd-Magnet	78,5	5,9	1,15	0,43

7 Anwendungsbeispiele

Innerhalb der Gruppe der lösbaren Verbindungen gehören die Magnetverbindungen immer noch zu den Besonderheiten. Das liegt auch daran, dass die Magnete relativ unauffällig ihre Funktion erfüllen. Unabhängig davon steigt der Bedarf an magnetischen Materialien, was sich auch in der Entwicklung der Marktpreise ausdrückt. Konstruktionsingenieure berücksichtigen immer mehr Magnetverbindungen, wenn mehrfach lösbare Verbindungen gefordert werden. Einige Anwendungen gehören inzwischen zum Standard und werden in vielen Bereichen genutzt.

■ 7.1 Industriebereiche

Lösbare Magnetverbindungen sind in der Industrie relativ unauffällige „Helfer", zugleich sind sie aber in vielen Fällen die optimale Lösung für Verbindungsprobleme. Sofern neben der Befestigung auch noch Dichtungs- und Verschlussaufgaben übernommen werden können, sind lösbare Magnete eine gute Lösung.

Türverschlüsse

Es gibt unterschiedlichste Varianten für Türverschlüsse, das Bild 7.1 zeigt den einfachsten Fall, wenn zwei Magnete in Kunststoffe eingepasst werden und an Türblättern befestigt werden. Das Gegenstück sind Metallplättchen, die den Verbund gewährleisten.

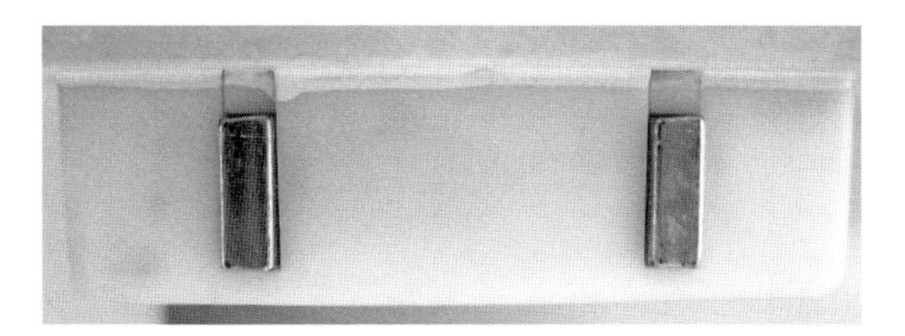

Bild 7.1 Dauermagnete in einem Kunststoffteil für Türverschlüsse

Magnetische Greifer

Magnetische Greifer, wie beispielhaft in den Bildern 5.4. und 5.5 dargestellt, werden im industriellen Bereich häufig genutzt. Die Haltekräfte der dargestellten Stab- und Flachgreifer enthält Tabelle 7.1.

Tabelle 7.1 Haltekräfte von Stabgreifern unter Berücksichtigung des Eigengewichtes

Größe mm	Haltekraft in N	Haltekraft/Fläche in N/mm²	Gewicht in g
Ø19 × 7	70	0,25	12
Ø23 × 7,5	100	0,24	19
Ø29 × 6	130	0,20	29
Ø12 × 16	55	0,49	7
Ø17 × 22,5	35	0,16	6,5
Ø25 × 29,5	40	0,08	25
Ø32 × 29,5	80	0,10	35

Magnetithaltige Silikone: Silikonprofile, -abdichtungen

Sobald die Einarbeitung und homogene Verteilung von magnetischen oder magnetisierbaren Stoffen gelöst ist, können mit vielen Kunststoffen Produkte hergestellt werden, die neue Anwendungen ermöglichen. Ein Beispiel dafür sind Festsilikone, in die Magnetitpartikel (Fe_3O_4, Mischung aus Eisen-II- und Eisen-III-Oxid) eingearbeitet wurden. Die Magnetitpartikel verleihen dem Silikon bei Massenanteilen von etwa 70 % magnetische Eigenschaften. Voraussetzung ist der Kontakt mit anderen magnetischen Materialien, da die Magnetkraft der magnetithaltigen Silikone noch nicht ausreichend groß genug ist. Zukünftig wird es auch Festsilikone mit Magnetit und anderen Magnetpartikeln mit eigener hoher Magnetkraft geben.

Der Volumenanteil der Magnetpartikel liegt aufgrund der hohen Magnetitdichte von 5,2 g/cm³ unter 20 %. Die Mischung lässt sich daher noch gut extrudieren, sodass Abdichtungsbänder mit unterschiedlichen Profilen hergestellt werden können. Die Bänder sind trotz des hohen Magnetitanteils flexibel und können im Temperaturbereich von –40 und 200 °C eingesetzt werden. Daher eignen sie sich sehr gut für Abdichtaufgaben im Tieftemperaturbereich. Wenn man berücksichtigt, dass immer mehr Lebensmittel bei Temperaturen um –40 °C schockgefroren werden und die Kühlräume sicher abgedichtet sein müssen, wird verständlich, das mit den magnetischen und flexiblen Silikonprofilen eine einfache Lösung existiert, Tieftemperaturräume abzudichten, aber auch häufig zu öffnen und zu schließen.

Die Abdichtung von Kühlschränken, Kühltruhen und Tiefkühltruhen im Privatbereich mit magnetischen und elastischen Profilen gehört heute zum Standard solcher Geräte. Durch den Magneteffekt werden die Kühlgeräte nicht nur verschlossen, sondern auch so abgedichtet, dass der Kühleffekt sicher gewährleistet ist.

Selbstverständlich wird dann auch Energie gespart und der Stromverbrauch gesenkt.

Auch für die Abdichtung ganzer Räume mit einem speziellen Klima (Labore, Versuchsanlagen, kleintechnische Anlagen, sicherheitsrelevante Bereiche in Fertigungsanlagen) werden diese Abdichtungen standardmäßig verwendet.

Ein besonderer Fall sind Forschungs- und Arbeitsräume, in denen mit gefährlichen Stoffen oder Bakterien gearbeitet werden muss. Die Hauptaufgabe ist bei diesen Anwendungen die zuverlässige Abdichtung und das kontrollierte Verschließen von Räumen, sodass keine Stoffe in die Umwelt gelangen können. Das häufige Öffnen und Schließen ist dann ein wichtiges Kriterium für die Auswahl der magnetischen Gummiprofile.

Kennzeichnungssysteme

Ständig wechselnde Lagerbeschilderungen, die Kennzeichnung von Waren und Transportbehältern, die zeitlich begrenzte Anbringung von Warn- und Hinweisschildern oder von Leitsystemen im Straßenverkehr oder auf Baustellen sind Beispiele für die Nutzung von Magneten oder kunststoffgebundenen Magnetfolien.

Bei der Befestigung von Schildern und Taschen für Informationen (Preise, Produktbezeichnungen, Lagerdatum u. a.), Bild 7.2 ergeben sich unterschiedliche Haltekräfte, die dann von metallischen Magneten zu gewährleisten sind. Neodym-Magnete mit Durchmessern von 20 bis 80 mm erreichen Haltekräfte zwischen 8 und 12 N/cm^2. Bei einer Fläche von 50 cm^2 ergeben sich bis zu 600 N Haltekraft. Solche Magnetverbindungen sind dann nur noch mit einem speziellen „Magnetschlüssel“ lösbar.

Diese Magnetanwendungen sind Teil einer modernen Logistik, bei der auch Kennzeichnungssysteme schnell austauschbar sein müssen.

Bild 7.2 Beschilderung von Lagerregalen [Quelle: Goudsmit Magnetic Design BV – Niederlanden]

Bei Magnetfolien wird die Haltekraft auf magnetischen oder magnetisierbaren Untergründen ebenfalls von der Fläche bestimmt, allerdings ist die Haltekraft von Magnetfolien etwa 0,5 N/cm^2 groß. Eine Haltekraft von 100 N erfordert dann eine Magnetfläche von 200 cm^2. Einflussgrößen auf die Haltekraft sind zusätzlich die Dicken der Magnetfolien, die Abstände zum magnetischen Substrat, die Belastungsrichtung in Bezug zur Magnetisierungsrichtung, der isotrope oder anisotrope Charakter der Magnetfolie sowie Art und Dicke einer Schutzfolie.

Zur Beschriftung von Lagerregalen gehören auch magnetische Etiketten, die aus kunststoffgebundenen Magnetfolien geschnitten oder gestanzt werden. Die Schutzfolie kann unterschiedlich eingefärbt sein, sodass man die Etiketten zum Beispiel gut sichtbar bestimmten Produkten oder Produktgruppen zuordnen kann. Ergänzend dazu gibt es Etikettentaschen, um die Etiketten schnell austauschen zu können.

Abdeckung von Flächen

Neben der Abdichtung von Räumen ist das Abdecken von Flächen eine andere Eigenschaft der Magnetfolien, die zum Beispiel bei Lackierprozessen genutzt wird. Flexible Magnetfolien werden dort aufgelegt, wo kein Lack auf einem Bauteil abgeschieden werden soll und gleichzeitig können bei schnellen Prozessabläufen die Abdeckungen auch wieder schnell entfernt werden.

Sobald jemand eine größere Folie auf einem magnetischen Untergrund zu befestigen hat und keine Hilfskräfte zur Verfügung stehen, können Magnete die Befestigung unterstützen und sind dann eine einfache Applikationshilfe. Letztlich entspricht das Beispiel der häufigsten Nutzung von magnetischen Materialien auf Magnetwänden und -tafeln in Kombination mit magnetischen Pins.

In Lackieranlagen besteht immer wieder die Aufgabe, bestimmte Oberflächen eines Bauteils unlackiert zu lassen oder später die unlackierten Bereiche andersfarbig zu beschichten. Dafür werden schnell wechselnde Abdeckungen benötigt. Das Abkleben mit selbstklebenden Folien kann bei kurzen Prozesszeiten zu aufwendig sein. Außerdem besteht immer die Gefahr, dass Klebstoffreste auf den Bauteilen verbleiben und nachfolgende Prozessschritte stören. Für solche Aufgaben eignen sich Magnetfolien, die schnell entfernt oder ausgewechselt werden können.

Werkzeughalter

Eine weitere Anwendung im Industrie- und Konsumbereich sind Werkzeughalter. Dazu werden magnetische Bänder so angeordnet, dass sich darauf Werkzeuge aus Eisen leicht befestigen lassen.

7.2 PKW-Industrie

In der PKW-Industrie werden Magnetfolien zur Beschriftung eingesetzt, wenn die Informationen der Beschriftung schnell auswechselbar sein müssen. Selbstklebende Folien sind dann ebenso wie beim Lackieren nicht geeignet. Voraussetzung ist wie immer in der Magnettechnik, dass die Bauteile dauer- oder ferromagnetische Eigenschaften besitzen. Wichtig ist natürlich, dass die Schilder oder Beschriftungen auch bei hohen Geschwindigkeiten durch den Sog der Luft nicht „abgerissen" werden. Deshalb gibt es für die Magnetfolien Zertifizierungen, die auch Vorschriften für die Anwendung enthalten.

Wie in anderen Bereichen eignen sich Magnetfolien auch in der PKW-Industrie zur Werbung. Selbstverständlich gelten auch für Magnetfolien zu Werbezwecken, die auf der Außenverkleidung angebracht werden, dass die magnetischen Folien fest haften und großen Luftströmungen standhalten. Inzwischen können Magnetfolien bei Fahrgeschwindigkeiten bis 200 km/h eingesetzt werden.

Auch für die Polizei gelten besondere Regelungen bei der Anwendung von Magneten in Rundumleuchten. Die schnelle magnetische Befestigung von Rundumleuchten gehört inzwischen zur Standard bei Polizeifahrzeugen. Die Anwendung von Magneten gestattet eine sichere Haftung, zugleich aber eine schnelle Trennung der Leuchten vom Autodach.

Aus Sicherheitsgründen werden die Schiebetüren von VW-Kleintransportern mit einem Magneten gesichert. Sobald die Schiebetür vollständig geöffnet ist, wird sie von einem Magneten in dieser Position fixiert und kann nicht ungewollt zurückrollen und Personen oder Gegenstände gefährden.

Auch der Übergang vom privaten Auto zum Taxi mit magnetisch angebrachten Schildern ist ein Beispiel für die Anwendung von Magneten in mehrfach lösbaren Verbindungen.

7.3 Bürobedarf, Informationsbereich

Die größte Anwendung der metallischen und kunststoffgebundenen Magnete gibt es im Informationsbereich, zum Beispiel in Büros, im Werbebereich, auf Messen und Veranstaltungen aller Art. Im Büro sind es vor allem:

- Wandtafeln als Planungsmittel wie Monats- oder Jahresplaner, die gleichzeitig auch Informationstafeln sind und die ständig auf den neuesten Stand gebracht werden können. Die Tafeln sind anspruchsvoll gestaltet, um auch auf diese Weise bei Präsentationen und Informationsveranstaltungen mit Geschäftspartnern den Ansprüchen gerecht zu werden.
- Wandtafeln mit magnetischen Zahlen, Buchstaben und Symbolen für Präsentationen oder Kreativveranstaltungen und Darstellung betrieblicher Informationen. Die Wandtafeln oder beweglichen Tafeln sind gleichzeitig beschreibbar.
- Bei der Konzeption von Präsentationsräumen können Magnetwände auch unter einer Tapete angebracht werden und darauf mit magnetischen Pins Informationen, Ideen, Fließschemata, Prozessabläufe u. ä. befestigt werden, die auch längere Zeit präsent sein können. Als metallischer Untergrund für die Pins oder Haken eignen sich dünne ferromagnetische Bleche, die direkt auf die Wände geklebt werden. Durch die Aneinanderreihung mehrerer Ferrobleche kann die Größe der verdeckten Magnetwand bestimmt werden.

Das Bild 7.3 zeigt eine Magnettafel, exemplarisch für viele ähnliche Anwendungen.

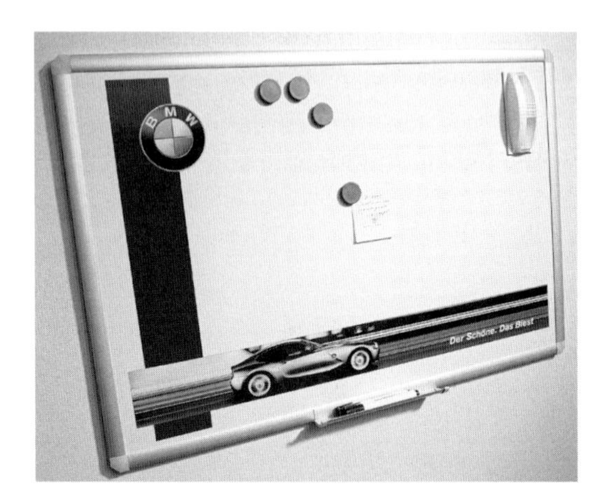

Bild 7.3 Magnettafel zum Beschreiben und zur Befestigung von Zeichen und Symbolen [Quelle: Goudsmit Magnetic Design BV – Niederlanden]

Die Magnettafeln erhalten dekorative Schutzschichten aus PVC-Folien oder mittels Pulverlackierung, sodass sie auch ästhetischen Wünschen gerecht werden. Zum

Schreiben auf den Magnetwänden werden Marker in den verschiedensten Farben angeboten. Wichtig ist dabei, dass die Schriften trocken und ohne zu verschmieren entfernt werden können.

Von den Magneten wird erwartet, dass sie Fotos, Folien, Papiere u. ä. sicher festhalten. Dabei sind die Gewichte und die Dicken der Papiere und Folien wichtig für die Magnetauswahl und den Magnetdurchmesser. Mit Neodym-Magneten können praktisch alle üblichen Papiere sicher gefestigt werden. Bei größeren Flächen werden verständlicherweise mehrere Magnete eingesetzt.

Weit verbreitet sind die verschiedensten Buttons, die einerseits Werbeartikel sind, andererseits aber auch zur kurzzeitigen Befestigung von Informationen genutzt werden. Ein bekanntes Beispiel für die Anwendung von Buttons sind Werbeartikel auf Kühlschrankwänden. Das gilt für den gewerblichen und privaten Bereich.

7.4 Konsumbereich

Die Anwendung von Magneten im privaten Bereich ist sehr vielfältig, sodass hier nur einige Beispiele aufgeführt werden.

So wurden schon in den 1960er Jahren Seifen, Rasierpinsel und ähnlich kleine Gegenstände mit Magneten an Metallkonstruktionen befestigt. Dadurch sollte den Gebrauchsgegenständen eine höhere Wertigkeit gegeben werden.

Der Magnetverschluss in Bild 7.4 ist auch ein typisches Beispiel für mehrfach lösbare Verbindungen aus dem privaten Bereich. Der Verschluss besteht aus zwei Halbkugeln, wobei alle metallischen Elemente goldbeschichtet sind und so dem Armband eine hohe Wertigkeit verleihen. Die Kontaktfläche der Halbkugeln beträgt 50 mm^2 und die Haltekraft bei senkrechter Belastung 11 N. Die Verbindung funktioniert zuverlässig, eine besondere Verliersicherung ist nicht erforderlich.

Bild 7.4 Armband mit Magnetverschluss, Übersicht, Kontakte und unter Last

Im Schmuckbereich gibt es viele Materialkombinationen mit kleinen magnetischen Verschlüssen, die nicht auffällig sind und sicher halten, Bild 7.5.

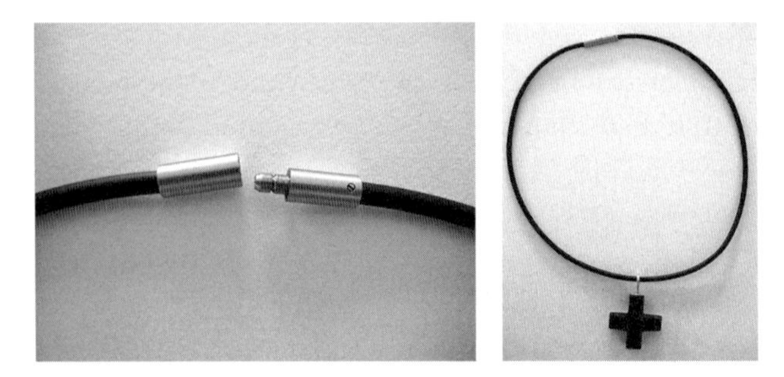

Bild 7.5 Halsband mit Magnetverschluss

Ein weiteres Beispiel sind Namensschilder auf Textilien, die häufig gewaschen werden müssen und deren Träger diese auch auswechseln müssen. Dies ist nötig in Bäckereien, Fleischfabriken, Krankenhäusern, in den verschiedensten Forschungseinrichtungen oder für Laborkleidung an Schulen, Hochschulen oder Universitäten. Dazu werden dünne ferromagnetische Streifen in das Kleidungsstück eingenäht. Darauf kann dann ein Namensschild oder eine personenbezogene Angabe befestigt werden. Bei Bändern mit Neodym-Magneten ergeben sich trotz der Textilzwischenlage feste Verbindungen, die aber schnell wieder gelöst werden können. Allerdings sollten Menschen mit Herzschrittmachern solche Schilder nicht tragen, da bei einer Annäherung auf etwa 30 mm eine Beeinflussung der softwaregesteuerten Schrittmacherfunktion gefährdet wäre.

Das Bild 7.6 ist ein Beispiel für eine einfache Wandtafel im Privatbereich.

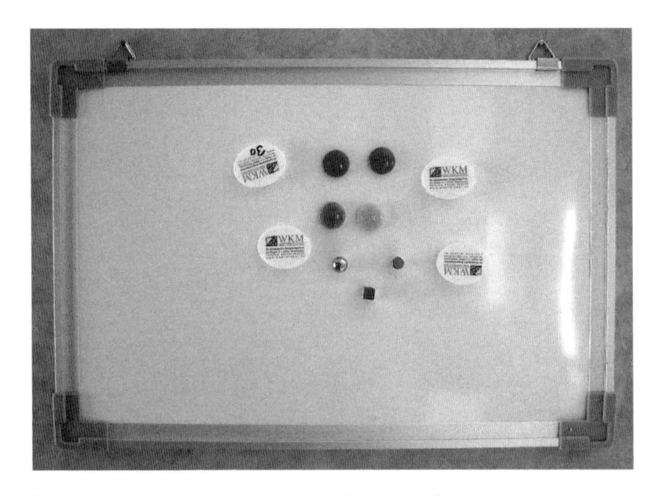

Bild 7.6 Kleine Magnettafel mit verschiedenen Magneten für Familieninformationen, Kochrezepte oder wichtige Bilder

Bei diesen kleinen Magnettafeln handelt es sich um lackierte Stahlbleche, auf denen verschieden geformte Haftmagnete halten. Dadurch kann zum Beispiel schon optisch signalisiert werden, wie wichtig eine Information ist oder wer die Information erhalten soll.

Für hohe Ansprüche an das Design gibt es Glasmagnettafeln in verschiedenen Farben, die auch im Wohnbereich effektvoll einsetzbar sind, Bild 7.7.

Bild 7.7 Design-Glasmagnetwand 100 cm · 60 cm [Quelle: Fa. Raum-Blick, Benningen]

Das puristisch anmutende Schlüsselbrett in Bild 7.8 vereint ein geradliniges Design mit einem Zusatznutzen durch die Anwendung von Magneten. Dadurch können Informationen schnell und sicher übermittelt werden. Ein anderes Beispiel sind magnetische Haken zum Anhängen von Kleidungsstücken oder anderen Gegenständen, Bild 7.9. Die Magnethaken lassen sich leicht auf Stahlblechen oder magnetischen Ferroblechen befestigen, verschieben oder nach der Nutzung entfernen.

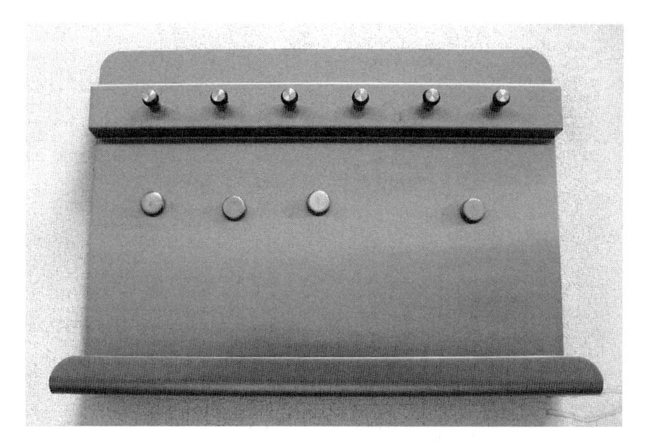

Bild 7.8 Metallischer Schlüsselanhänger mit Magnetkontakten

Bild 7.9 Metallischer Magnethaken zum Anhängen von Kleidungsstücken oder anderen Gegenständen [Quelle: Goudsmit Magnetic Design BV – Niederlanden]

Die Anwendung von magnetischen Butten als Werbeträger, zum Beispiel auf Kühlschränken, Bild 7.10, gehört heute zum selbstverständlichen Alltag. Auf großen Events, Ausstellungen und ähnlichen Veranstaltungen werden Butten bereitgestellt und auf diese Weise Werbung für ein Produkt oder eine Marke betrieben.

Bild 7.10
Werbemagnete zur Befestigung auf Kühlschränken und anderen Metallgehäusen [Quelle: Goudsmit Magnetic Design BV – Niederlanden]

Ein Beispiel für die unauffällige Anwendung von Magneten sind Spiegelbefestigungen. Dabei werden die Magnete mit hochfesten Klebstoffen auf die Spiegel- oder Glasrückseiten geklebt und die magnetischen Gegenstücke an die Wände geschraubt. Beide Magnetteile können sehr flach sein, sodass die Glasteile ohne großen Spalt magnetisch gehalten werden, aber auch verschiebbar sind, oder gänzlich abgenommen werden können.

Zum Festhalten von Türen, insbesondere auch massiven Haustüren, werden nicht mehr Holzkeile und ähnliche Hilfsmittel eingesetzt, sondern Magnete, an die die Türen anschlagen und nicht mehr ungewollt zuschlagen. Die Magnetkraft ist dabei so dosiert, dass auch das Schließen leicht gelingt.

Ein letztes Beispiel sind Spiele mit magnetischen Figuren und Spielbrettern. Entscheidend ist für diese Anwendung, dass die Wechselwirkung Spielfigur und Brett nicht zu groß sein darf, um die Figuren auch leicht verschieben zu können.

Literatur

1. Nun auch mit Magneteffekt in: Kunststoffe 104 (2014) 5, S. 72–73, Carl Hanser Verlag, München

Index